VEGAN KETO

純素生酮 瘦身飲食 法

不吃肉、不喝油，60道素食食譜╳4週飲食計畫
第一本針對Vegan打造的健康燃脂指南

60+ High-Fat Plant-Based Recipes to Nourish Your Mind & Body

莉茲‧麥道威爾 Liz MacDowell 著 / 韓書妍 譯

純素生酮 瘦身飲食 法

不吃肉、不喝油，60道素食食譜×4週飲食計畫
第一本針對Vegan打造的健康燃脂指南

作者莉茲‧麥道威爾 Liz MacDowell
譯者韓書妍
主編趙思語
責任編輯李光欣
封面設計 Zoey Yang
內頁美術設計林意玲

執行長何飛鵬
PCH集團生活旅遊事業總經理暨社長李淑霞
總編輯汪雨菁
行銷企畫經理呂妙君
行銷企劃專員許立心

出版公司
墨刻出版股份有限公司
地址：台北市104民生東路二段141號9樓
電話：886-2-2500-7008／傳真：886-2-2500-7796
E-mail：mook_service@hmg.com.tw
發行公司
英屬蓋曼群島商家庭傳媒股份有限公司城邦分公司
城邦讀書花園：www.cite.com.tw
劃撥：19863813／戶名：書虫股份有限公司
香港發行城邦（香港）出版集團有限公司
地址：香港灣仔駱克道193號東超商業中心1樓
電話：852-2508-6231／傳真：852-2578-9337
城邦（馬新）出版集團 Cite (M) Sdn Bhd
地址：41, Jalan Radin Anum, Bandar Baru Sri Petaling, 57000 Kuala Lumpur, Malaysia.
電話：(603)90563833 ／傳真：(603)90576622 ／E-mail：services@cite.my
製版‧印刷漾格科技股份有限公司
ISBN978-986-289-820-8‧978-986-289-822-2（EPUB）
城邦書號KJ2092 **初版**2023年7月
定價550元
MOOK官網www.mook.com.tw
Facebook粉絲團
MOOK墨刻出版 www.facebook.com/travelmook
版權所有‧翻印必究

國家圖書館出版品預行編目資料
純素生酮瘦身飲食法：不吃肉、不喝油,60道素食食譜x4週飲食計畫,第一本
針對Vegan打造的健康燃脂指南 / 莉茲.麥道威爾(Liz MacDowell)作；韓書
妍譯. -- 初版. -- 臺北市：墨刻出版股份有限公司出版：英屬蓋曼群島商家
庭傳媒股份有限公司城邦分公司發行, 2023.07
224面；19×26公分. -- (SASUGAS ;92)
譯自：Vegan keto : 60+ high fat plant based recipes to nourish
your mind & body
ISBN 978-986-289-820-8(平裝)
1.CST: 素食食譜 2.CST: 健康飲食
427.31   111020337

目錄

關於本書

隨著生酮飲食越來越受歡迎，也越發突顯一件事，那就是並沒有單獨一種「正確」達到與維持酮症的方法。生酮圈中許多流行的意見，提供了不同於教條式的傳統低碳水飲食法。這些年來，看著生酮飲食越來越普遍受歡迎，以及看見生酮社群成員的不同對策、訣竅，甚至是異想天開的產品，都非常有意思。我最初以純素主義者開始進行生酮飲食的時候，對於我們這種不吃肉（或是蛋、乳製品）的人而言，並沒有太多可參考的資源，於是我開了一個名為「無肉生酮」（Meat Free Keto）部落格，分享個人經驗及我發想出來的食譜。當時，我想或許這些資訊可以幫助其他剛開始進行這種給我帶來極大轉變的飲食法的人。這些年來，我選擇實行生酮與低碳水飲食的方法的確改變了。隨著我深入鑽研營養學，我也開始調整自己的生酮飲食對策，更著重在營養密度與食材的品質。回頭看自己當初的飲食法確實相當尷尬，但是每個人總有第一步，不是嗎？過去6年中，我犯了很多錯誤，也發現許多讓生酮飲食更輕鬆的小技巧。本書中的資訊是集結所有我學到的知識、洞見與經驗。希望這本書能盡量讓你輕鬆地轉換到植物性生酮飲食，同時也帶來美味的食譜。

我為何嘗試生酮

人們常說，想要掌握一門技巧需要一萬個小時。假如這是真的，那我幾乎可說是飲食法的大師。過去20年的一大部分，我花了多到羞於承認的時間來擔心自己的體重、褲子尺寸、吃下肚的食物份量、沒吃下肚的食物份量，還有哪天可以燃燒多少卡路里。

你或許已經猜到，我嘗試過好幾種不同的飲食法。除了要你計算點數或購買品牌代餐和奶昔的主流菜單，我甚至也淺嚐了一些更極端的飲食法。我試過高碳純素生食法，其中80%的卡路里來自水果和蔬菜。我試過果汁斷食法，整整數個星期只喝現榨果汁。我還試過極端的熱量限制，每日攝取量限制在500大卡內，而且每天跑步5到10英里，努力將體重維持在「正常」範圍。

這些方法都沒有被證實特別成功或可長期實行。當然啦，每次跟著最新風行的飲食法（除了高碳純素生食法），我都減去體重，但我的感覺很糟糕，而且一旦無法再跟上這股衝勁，所有減掉的體重又回來了。

所有這些飲食法都像和我的身體爭鬥，大部分時間我都在想著所有我不能吃的食物，只感受到肚子裡磨人的飢餓感，大口灌下無糖汽水和黑咖啡，試圖靠我允許自己攝取的少許營養撐過一天。我浪費太多腦力，根據當時看似重要實則曖昧不明的數據，計算攝入和消耗的熱量、燃脂效率最佳的用餐時間、評估各種食物的整體「好處」和「壞處」，以及如何必須跑多快、多遠、多少距離，才能「承擔」我剛剛吃下的東西。

我告訴你，這實在太令人心力交瘁了！這是我過去十多年來看待飲食與營養的態度，對我一點好處也沒有。我的消化能力一直不理想，在我二十多歲時持續惡化，而且我似乎總是沉迷於流行的飲食法。我真的好累，好餓，也受夠無時無刻感覺身體和情緒都很糟糕。

我很想擺脫節食的輪迴，可是說實話，我一點頭緒也沒有，感覺被困住了，只要我停止飲食限制就會復胖，然而不斷剝奪自己的快樂顯然也不是什麼大獲全勝的計畫。2012年春天，我發現高碳純素生食主義，便跟著做了，這似乎就是我所有問題的答案。這派飲食方式的擁護者建議不要紀錄食物的卡路里或營養成分。只要吃得心滿意足，你的身體就會獲得適當的營養，你也會達到定點體重。然而我的情況卻不是這樣，完全不是。

即使只吃水果、大量綠色蔬菜和些許堅果，我的體重還是很快就增加了。我無時無刻都覺得飢餓煩躁，而且覺得好冷……當時是7月。

我覺得好疲憊，也受夠了，不過還是持續下去，因為所有我遇見的「權威人士」以及我在網路上讀到的資訊，都強調這就是最適合

人類的飲食法，而且不久之後就會感覺美妙無比。我堅持了一個多月，最後認輸了，開始尋找更好的方法。

我和許多人一樣，在網路上發現了生酮飲食。事實上，我是某天晚上在Reddit論壇瀏覽減重照片時認識生酮飲食的。由於高碳純素生食法讓我感覺太糟糕，我才剛剛喊停，這激起了我對更理想的飲食法的興趣。我看了好多戲劇化的減重前後對比照片，全都吹捧生酮飲食就是減重成果的奧祕。花了一整個晚上研究Reddit論壇的生酮專區後，我決定試試。畢竟我才剛發覺高碳飲食並不適合我，何不嘗試一下完全相反的方法？於是我放手一搏。

很快我就注意到了成果。第一週我就少了5磅。3個月後，我更減去那惱人的20磅，我的生活方式也沒有其他任何改變。除了減去體重，我還注意到健康狀況也改善了。有生以來，我的消化首次恢復正常。雖然那年稍早時，改為無麩質飲食確實有助於緩解我的腸躁症，然而生酮飲食卻為我的消化系統功能帶來戲劇化的改變。毋須贅言，我只想說，我終於明白醫生和膳食纖維廣告中所說的「規律」是什麼意思了。

消化方面的變化之外，我也注意關節疼痛和腫脹減輕了，我甚至沒發現自己有這些症狀，直到它們消失。我醒來的時候感覺神清氣爽，發現思考更清晰，甚至一整天都精力充沛。

當然，並不是所有的變化都在一夕之間發生。

經過幾個月的生酮飲食，我開始注意到自己的子宮內膜異位症狀比較不嚴重了。這是一種會引起劇烈疼痛與腫脹的經期失調，而且會干擾情緒（還有一大堆其他毛病）。雖然疼痛和腫脹並沒有完全消失，這些症狀通常輕微到我可以正常生活，而不是每個月有好幾天躺在床上動彈不得。

相較之下，我也開始注意到攝取過量碳水會讓我的身體感覺非常不舒服。和許多人一樣，在生酮飲食期間的第一次偷吃絕對不會是最後一次。我會開始感覺厭倦或懶散，或是在面對某些食物時對自己說「吃一次就好」，然後發現往後一個星期，自己繼續耽溺於高碳零食。每次發生這種狀況，我的心情就會變得很差，接下來好幾天還會因為攝取糖分和高碳水，而產生宿醉般的戒斷不適感，然後發現自己垂頭喪氣地回歸低碳飲食法。

到最後，我發現對我而言，生酮飲食與其說是一種飲食法，不如說是一種生活方式，於是我開始以相應的方式來看待生酮飲食。我不會偷偷摸摸地吃含糖食物，並在這套系統中作弊，而是開始創造更多「有趣」的食譜，以免變得厭倦，或是覺得自己錯過甜點或小點心。我開始以不同角度來看待食物，將重心放在食物給自己的感受，而不是它們的味道。碳水攝取過量的日子，我不再怪罪自己，將注意力轉而放在整體飲食習慣，在更廣的層面上做出正面選擇。這項策略真的幫助我幾乎一直維持低碳飲食，這種飲食方式讓我感覺更健康，也更快樂。

從網路學習有關生酮飲食的一切時，我也參與了一項營養計畫。久而久之，我將這份新學到的營養知識與純素飲食和生酮飲食結合起來，並且開始宣揚這種對我來說既有效又可長期持續的方法。

什麼是生酮飲食？

簡單來說，生酮飲食是一種高油脂、低碳水化合物、適量蛋白質的飲食法，讓身體從燃燒葡萄糖（醣類）獲得能量，轉變為「酮症」狀態，這時身體會優先使用酮體和脂肪作為燃料來源。身體需要能量，卻沒有葡萄糖時，肝臟會以脂肪產生酮體。這個過程最常發生在碳水化合物限制、極少量食物攝取與高強度運動期間。乙醯乙酸和 β-羥基丁酸都是酮體，丙酮（前兩者分解後的副產品）也常被視為酮體。

目前世界上絕大多數的人都是以燃燒葡萄糖作為主要的能量來源。當你吃下含有碳水化合物的東西時，身體會將碳水分解成單醣，其中大部分為葡萄糖。葡萄糖會被吸收到血液裡，引發胰臟釋放胰島素。接著胰島素會讓肌肉吸收葡萄糖，儲存葡萄糖作為肝醣使用。胰島素也會向身體發出訊號，將過多的葡萄糖和三酸甘油脂轉化為脂肪儲存，並且暫停所有正在進行中的脂肪燃燒[*1]。

果糖常見於果實、龍舌蘭花蜜，以及多少有點惡名昭彰的高果糖玉米糖漿（與其他食物），由肝臟處理代謝，在肝臟中不是轉化為葡萄糖輸送到血液裡（也就是上述過程），就是作為脂肪儲存（三酸甘油脂）[*2]在肝臟中。雖然只有極少量的果糖會轉化為三酸甘油脂，但長時間下來，攝取過量果糖還是會導致非酒精性脂肪肝[*3]。

有些人一輩子燃燒肝醣當做燃料也沒問題，有些人則會因為仰賴葡萄糖作為能量而產生毛病。首先，身體能儲存的肝醣有限，因此我們必須經常進食，補充存量。你應該知道有時候（其實是無時無刻）一陣飢餓感

襲來的感覺吧？那是在缺乏糖分時，血糖驟降[*4]的副產品。情緒波動和情緒障礙出乎意料地都是血糖失調[*5]的常見副作用，如果你和我一樣，那麼，一定早就注意到這件事了。

如果你聽說過「胰島素阻抗」，那麼，你應該也意識到了以燃燒葡萄糖作為主要能量來源的另一個潛在問題。長期下來，食用過量碳水化合物會降低組織對胰臟釋放的胰島素的敏感度。由於同樣份量的胰島素不再能達到預期的效果，可憐的胰臟開始生產更多胰島素，這只會延續這個循環。出現胰島素阻抗時，血糖值可能會持續過高，因而損傷組織，並且讓身體處於儲藏脂肪的狀態，避免燃燒已經儲存的脂肪。

最後，胰島素阻抗會導致第二型糖尿病及其他代謝問題，甚至是心血管疾病[*6]。

反過來說，當血液中的血糖太少的時候，就會刺激身體分泌另一種叫做「升糖素」的激素。升糖素會讓肝臟把儲存的肝醣還原為葡萄糖，以作為燃料。升糖素也會讓身體分解已儲存的脂肪，把它分解成游離脂肪酸，以當作燃料。燃燒游離脂肪酸會產生

酮體，讓大腦和身體可以使用生成的能量。這就是營養性酮症的開始。如果繼續限制碳水化合物，身體就會繼續燃燒脂肪，作為主要的燃料來源。

現在要來說說生酮代謝很厲害的一點，那就是它不需要胰島素參與。胰島素和血糖指數不再波動，而是保持相對穩定的狀態。胰島素和血糖的穩定可抑制脂肪儲存，減少對食物的渴望，並促進體脂肪分解[7]。輕輕鬆鬆就能減脂與調節飢餓訊號，這正是許多人（包括我）發現自己堅持生酮和低碳飲食的主要原因之一。

什麼不是生酮飲食

坊間流傳許多對於生酮飲食的誤解，因此我想花點時間，針對幾個最常見的謬誤說些公道話。

酮症並不是酮酸中毒

我想這是在網路上（以及某些具公信力的資訊來源）不斷流傳的最大誤解。酮症是身體進入碳水化合物限制後的自然過程，被視為進化的發展，可避免身體受到飢餓或食物短缺的影響。而酮酸中毒是一種非常危急的疾病，成因是極高血糖與嚴重缺乏胰島素。這些罕見的情況可能會發生在第一型糖尿病患者身上，但絕少見於非糖尿病患者[*8]。

生酮飲食不是高肉量飲食

我收到許多電子郵件和社群媒體留言，表示他們搞不懂我的飲食法怎麼會既是純素又是生酮，彷彿兩者水火不容似的。因為大多數對生酮飲食法都是從「漢堡、培根、乳酪」的角度來描述，因此大家不太確定到底哪些是可以吃的食物。或許你已經猜到（畢竟這本書就叫做「純素生酮瘦身飲食法」嘛），其實吃肉並非必要的，不需要吃蛋、乳製品，也不需要吃任何你不想吃的東西。生酮飲食法只是一種讓身體進入酮症的飲食方式，至於要吃哪些食物，完全取決於你。

生酮不是無碳水飲食

確實有幾乎只吃肉類的「零碳水飲食法」，也有些人選擇加入蛋或油，不過，整體而言，其目標是食用零碳水化合物。這是生酮飲食的其中一種方式，但絕對不能代表所有的生酮飲食法，無碳水飲食是很極端的做法。大部分遵循生酮飲食法的人，每天食用20到50公克的「淨碳水化合物」（關於更多淨碳水化合物，請見26至28頁）。如果也把纖維算進去的話，那麼，攝取的碳水化合物總量可能會高達100公克！

我認為這是很重要的區別，因為我看過太多人反對生酮飲食，理由就是這些飲食法排除的碳水化合物總量實在太極端，對大部分人而言，這根本是假的。

生酮不是「一體適用」

沒有什麼叫做正確的生酮飲食法。我們的身體、生活方式和目標都不盡相同，看待飲食的方式亦然。有些人選擇攝取特定比例的脂肪、蛋白質和碳水化合物，有些人則選擇計算碳水量。有些人偏好以比較直覺的方式進行生酮

飲食，不放棄吃碳水含量較低而且讓他們感覺開心的食物。

只要吃的食物能讓身體維持在酮症狀態，那你就是在吃生酮飲食。想知道如何發現自己進入酮症，請閱讀37和38頁的酮症測驗段落。

生酮飲食不是食物清單

我一定要再三強調，生酮飲食法並不是「可以吃」或「不能吃」的食物清單。我不認為為某種食物或多樣食物貼上「良善」或某種飲食道德的標籤有長期助益。相反的，我認為依照個人狀況評斷食物，並評判食物給身體帶來及造成的影響，這樣才是更可貴的作法。因此，與其說「生酮飲食不可以吃糖果」，倒不如好好檢視糖果的成分（主要是糖，還有一些工業脂肪），並思考糖果入口後所帶來的影響。說某種食物「不算生酮」，所以不能吃，讓生酮飲食變成限制極高又教條化的熱潮，在追求成功的意志力上徒增負擔。這種模式過去對大多數的人都行不通，那為什麼現在就有用了呢？當然，有些人在一開始就發現，在習慣生酮的飲食方式之前，保留一份生酮友善的食物清單有很大的幫助（這也是為何本書48和49頁有一份採購清單）。如果清單對你有幫助，那麼有何不可呢？注意，沒有非遵守不可的「生酮食物」硬性清單。

生酮不是高蛋白飲食

過去流行的低碳水飲食中，大量蛋白質是其特點。生酮飲食的不同之處，在於並不會特別強調攝取大量蛋白質，因為過多的蛋白質會在體內轉化為葡萄糖（透過一種稱為「糖質新生」的過程），會讓你脫離酮症，減緩生酮飲食法的正面影響[9]。

生酮飲食不是無敵妙招

我認為設定合理的期待是非常重要的。在網路論壇看到驚人的減重結果，聽到別人如何扭轉人生與健康的故事，很容易讓人陷入亢奮情緒中。對某些人而言，生酮飲食確實可能改變一生，但並不是人人都有如此戲劇化的體驗。我們都想要簡單快速的答案，有些人在短時間就經歷劇烈改變，然而並非每個人都是如此。因此，如果沒有短時間見效，也不要感到沮喪！

奶油是碳水嗎？認識巨量營養素

如果不認識「巨量營養素」，那就很難討論巨量營養素的比例。巨量營養素（macronutrients，簡稱macros）是構成所有食物的三大主要成分，也就是脂肪、蛋白質，以及碳水化合物。人體會利用巨量營養素獲得能量，將之分解至可使用的小分子，並將多餘的營養素以體脂肪形式儲存，以備不時之需。這三大元素其實相當複雜，牽涉到許多層面，不過，現在我只會介紹基本概念。

碳水其實並不邪惡

我們很容易就被牽著鼻子走，把所有碳水化合物都歸類為不好的食物，但是這麼做有點太非黑即白了。碳水化合物（即使是糖）都是植物中的天然成分，因此自然存在於我們所吃的食物中。關鍵並不是避開所有的碳水化合物，而是選擇能為你帶來最大營養效益的碳水化合物。在標準的西方飲食中，絕大多數的碳水化合物都來自經過加工的穀類或澱粉與精製糖。純素生酮的飲食方式中，大部分的碳水化合物則來自堅果、種子、綠色蔬菜、非澱粉植物及部分莓果。進入適應期後，酮適應之後，我再也不擔心從青花菜、白花椰菜、西洋芹、黃瓜和蘿蔔等深綠色葉菜與清脆蔬菜攝取到的澱粉了。這些食物確實是碳水化合物，不過，我發現晚餐時多吃一份青花菜的營養益處，遠超過多攝取幾公克的純碳水化合物的壞處。

水果是另一個在生酮圈會引起激辯的話題。簡而言之，沒問題！你可以吃水果。大多數水果的碳水化合物含量都相當高，但是莓果類的含量相對較低，而且還有抗氧化成分、維生素和礦物質。因此，如果想在生酮期間享用水果，莓果是很好的選擇。有些正在生酮適應期的人會避免食用水果，其實沒有必要，只要攝取的碳水化合物份量低到足以維持在酮症就可以了，不過，這麼做能讓維持酮症容易一些。你也可以在生酮初期將碳水攝取量降至最低，並且避免水果和大部分蔬菜。這都是個人的決定。

但是，你需要碳水啊！

許多營養專業人士（以及YouTube上擁有昂貴錄影設，因而看起來很專業的人）信誓旦旦地說：人必須吃碳水才能活，大腦需要碳水化合物！不吃碳水就會死！這些未必都是無稽之談，但確實很誤導人。最簡單的事實是：並不存在「必需碳水化合物」，不像「必需胺基酸」和「必需脂肪酸」那樣得透過食物攝取才能發揮功能。人腦確實需要些許碳水化合物，但是你不需要透過飲食才能獲得碳水。還記得人體會透過「糖質新生」將多餘的蛋白質轉變成葡萄糖嗎？這項機制是有其存在意義的。如果身體需要的葡萄糖大於碳水化合物的攝取量，那麼，身體完全有能力滿足自己的需求。

脂肪小簡介

脂肪這個題目無法僅以「複雜」來形容，它總是在公共領域引發爭議和激辯。舉例來說，許多關於生酮飲食的負面新聞，都圍繞在生酮飲食者攝取驚人的脂肪總量。畢竟我們從小就被灌輸膳食脂肪是肥胖、心血管疾病等眾多健康問題的起因。我第一次讀到生酮飲食者規律攝取的「離譜」脂肪量時，我也同樣感到困惑。我的人生中，絕大多數時間都把心力花費在吃低脂和無脂肪食物，及試圖塞進衣物的最小尺寸，結果現在讀到高脂飲食竟然有可能是我尋求的解答？我心中的惱怒和好奇參半。

隨著對膳食脂肪的了解加深，我意識到自己長期以來極力避免脂肪，其實是很荒謬的事。脂肪，尤其是富含脂肪的原型食物，都富含維生素、礦物質及其他植物性化學成分，對我們的健康至關重要。此外，研究也顯示，地中海飲食這類脂肪含量較高（尤其是橄欖和橄欖油中的脂肪，以及來自魚類和部分乳酪）的飲食，能保健心臟和大腦[10]。

脂肪來源

多年前，我曾在一間天然食品連鎖店擔任「健康飲食專家」。這份工作包括製作健康的食譜，及教育員工和顧客各種食物的好處。雖然整套飲食法多少有點「脂肪恐懼」，但其中一個理念卻深植在我的心中，那就是優先以「原型食物」作為脂肪來源。這項建議背後的概念，就是橄欖比橄欖油提供更多營養，中東芝麻醬（tahini，研磨製成的芝麻糊）比芝麻油更有價值。我將這份資訊牢記在心，融入我的飲食與料理方式。這並不表示我完全不用油，而是思考是否能將原型食物加入餐點中。生酮飲食中的植物性脂肪來源包括酪梨、椰子、橄欖、堅果、種子及其油脂。更完整的列表請見48頁。

飽和脂肪與單元不飽和脂肪酸（MUFA）VS 多元不飽和脂肪酸（PUFA）

提到脂肪時，總是有各種字母縮寫，可能有點讓人頭昏腦脹。為了簡化事情，我們先來快速瞧瞧各種不同的脂肪與它們的來源吧：

- 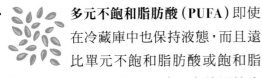 **飽和脂肪酸（SFA）** 在室溫下是固態。由於其結構，往往會緩慢氧化*。純素食者通常可在椰子（以及椰子油）、棕櫚油和可可脂中找到飽和脂肪。

- **單元不飽和脂肪酸（MUFA）** 在室溫下通常是液態，不過，放入冷藏室就會變成固態。酪梨、堅果、橄欖，以及這些食物的油，是單元不飽和脂肪酸的來源。這些也都是普遍用於料理的油。

- **多元不飽和脂肪酸（PUFA）** 即使在冷藏庫中也保持液態，而且遠比單元不飽和脂肪酸或飽和脂肪更脆弱。因此，這類脂肪不應該用於烹調，最好從原型食物來源攝取。必需脂肪酸（例如omega-3和omega-6）是多元不飽和脂肪酸，來源包括亞麻籽與大部分種子的油與工業油，例如芥菜子油、玉米油，以及其他「植物油」（見下方欄位）。

如何購買及儲存油類

我會盡可能購買特級冷壓初榨油（即壓榨的第一道油），因為這種油的營養成分優於第二道或第三道高溫壓榨的油。無論哪一種油，我都會把它們存放在陰涼處；富含多元不飽和脂肪酸的種子和油則會放在冰箱裡，避免劇烈溫度變化，以防氧化。

以油入菜

料理時，我會優先使用椰子油或橄欖油。當然可以使用單元不飽和脂肪酸類的油來烹調，不過，我覺得這樣做的成本太高了。我也會盡量讓爐火溫度保持相對低溫，尤其是加入油烹調時。不建議使用多元不飽和脂肪酸來料理或烘焙，因為這類油很容易氧化（發出油耗味），研究顯示，使用完整或磨碎的種子烘焙，幾乎沒有破壞性，能保存大部分的ALA及其他成分[11]。（請繼續閱讀，進一步認識ALA與其他重要的脂肪酸）。話雖如此，我只會適量食用加熱過的種子。

工業油簡介

工業種子油的生產，需要使用化學溶劑或高溫來從種子中萃取出油。芥菜子油、大豆油、玉米油，及其他所謂的「植物油」都是這類例子。這些油不僅含有大量會引起發炎的omega-6脂肪酸，加工過程也去除了許多有益的營養素。料理時，我會避免使用這些油，選擇冷壓初榨油，例如橄欖油或椰子油，這種油保留更多營養價值，omega-6脂肪酸的含量也比較低。

---

*由於氧化速度緩慢，飽和脂肪比較能長時間儲存。因此，如果要補充存貨，椰子油或許是可靠的好選擇。

必需脂肪酸

必需脂肪酸是維持健康的必要脂肪。我們的身體無法合成這些脂肪，因此必須從食物或補充劑獲取。人體必需的兩種脂肪酸是omega-3和omega-6。魚類的Omega-3含量最豐富，因此純素飲食者往往攝取量不足[12]。純素飲食者缺乏omega-3脂肪酸會造成一些問題，包括可能導致憂鬱與晚年神經退化[13]。雖然解決辦法感覺像「吞一顆omega-3補充劑」就好，不過，事實上並沒有這麼簡單。

在Omega-3和Omega-6脂肪酸之間取得平衡。簡而言之，omega-6脂肪酸會引起發炎，omega-3脂肪酸則具有抗發炎的效果。但請務必注意，並非所有的身體發炎都是不好的。受傷的時候，發炎就是身體保護該區域的方法。例如扭傷腳踝導致的腫脹，其實是液體與白血球一起被輸送到該區域作為緩衝。這種腫脹會對腳踝的神經施加壓力，導致疼痛並限制受傷部位的使用。在這種情況下，我們是需要發炎反應的，至少需要一陣子。雖然有些發炎在短期內或許有幫助，不過，目前認為身體的慢性發炎是許多（即使並非大多數）疾病的根源[14]。研究顯示，omega-6和omega-3比例高的飲食，與越來越普遍的動脈粥樣硬化、肥胖和糖尿病有關[15]，而富含omega-3脂肪酸的飲食則與這些疾病的盛行率降低有關[16]。當然，關聯性並不等於因果關係，不過，確實值得深思。

營養與健康圈子的共識認為，omega-3和omega-6脂肪酸的攝取量比例以1:1最為理想，可以抑制發炎。一般認為，前農業時代的人類祖先的飲食法維持此一比例，將發炎法保持在最低限度。較中庸的想法則認為，omega-3和omega-6脂肪酸的比例在1:3時更接近可達成的理想。無論哪種方法，現在的飲食模式與目標相去甚遠。事實上，一般西方飲食中，omega-3和omega6的比例大約是1:20，甚至更高[17]。這項差異的原因在於，omega-6脂肪酸普遍存在於大豆油和工業製植物與種子油，這些都大量運用在商業料理和加工食品中。

通常依循標準生酮飲食法的人，仰賴鮭魚之類的冷水魚，以攝取omega-3脂肪酸。魚油含有所有形式的omega-3脂肪酸，包括ALA、EPA、DHA。植物性的omega-3脂肪酸來源，例如亞麻籽和核桃，僅含有大量ALA，人體可以把它轉化為其他形式，但效果並不出色[18]。如果這還不夠複雜，研究顯示，在大量亞油酸（LA）存在的情況下，ALA更不容易轉化，亞油酸是最常見的omega-6脂肪酸[19]。部分研究建議，基於此一事實，比起比例，在攝取omega-3的同時，將omega-6脂肪酸的攝取量降至最低更為重要。由於轉化率低，建議純素飲食者補充由藻類製成、含有ALA、EPA與DHA的omega-3綜合補充劑[20]，以獲取各種omega-3脂肪酸。

Omega-3脂肪酸的來源。幾乎所有種類的植物性食物中都含有Omega-3脂肪酸。不開玩笑，100公克的球芽甘藍（約5顆中等大小）所含的omega-3脂肪酸，比每日建議攝取量1.6公克還多出20%以上。球芽甘藍所含的omega3和omega-6比例極高（2.33），而且許多蔬菜都是如此*21。當然，攝取含有omega-3和omega-6比例更恰當的omega-3脂肪酸，有許多更有效的方式，例如1大匙磨碎的亞麻籽（7公克）含有1.6公克ALA。下方的表格列出omega-3脂肪酸的來源，以及其中所含的omega-6脂肪酸及其比例。

食物	ALA/ omega-3 (公克/100 公克)	LA/ omega-6 (公克/100 公克)	比例 omega-3/ omega-6
亞麻籽	22.8	5.9	3.86
冷壓亞麻籽油	53.4	14.3	3.75
奇亞籽	17.8	5.8	3.06
印加果籽	19.9	13.7	1.45
去殼大麻籽	8.7	27.4	0.32
核桃	9.6	38.1	0.25

資料來源：美國農業部國家營養資料庫
（USDA Food Composition Database）

減少Omega-6脂肪酸攝取量。我之前提到，減少omega-6脂肪酸的攝取量，其重要性完全不亞於在飲食中加入富含omega-3的食物。我常常在Cronometer應用程式中追蹤這部分（更多關於營養追蹤的內容，請見35頁）。出於這個原因，我強烈建議避免工業種子油、大豆油與其他植物油，這些油都經過高度精製，omega-6脂肪酸的含量極高。這類油普遍用於餐廳廚房，也存在於市售沙拉醬、抹醬和其他現成食品中。我為何不厭其煩地自製美乃滋（183頁）、奶油抹醬（187頁）和沙拉醬（184、186、188頁）之類的東西，這是主要原因。

許多堅果和種子，像是杏仁、巴西堅果、南瓜子（帶殼南瓜種子）、芝麻油和葵花油，其中的omega-6脂肪酸含量也相對較高。由於這些食物的營養豐富，我會把它們加入飲食，不過，只會適量食用，並搭配其他富含omega-3脂肪酸的食物，以維持均衡。我保證，真的不像聽起來得那麼複雜！如果覺得覺得太讓人頭昏腦脹，我建議可以從在飲食中增加富含omega-3的食物做起。解決了這個問題後，就可以著手減少omega-6的攝取量。

「壞」脂肪

我並不喜歡為食物或巨量營養素貼上「好」的標籤，不過，確實有些脂肪應該要避免，像是人造反式脂肪。這些人造脂肪能賦予油脂硬度，用於製造乳瑪琳和其他必須維持硬挺結構的食品。（食物中自然存在微量的反式脂肪，主要是肉類與乳製品，不過，並非此處所討論的反式脂肪。）這些脂肪跟心血管疾病和高LDL（低密度脂蛋白，也就是不好的）膽固醇有關*22。許多國家已經禁止反式脂肪，不過，這些脂肪仍存在於美國與其他地方的食品生產體系。我想要明確地說：反式脂肪毫無營養價值，對健康無益，還會帶來健康風險*23。如果每份總量低於0.5公克，廠商就可以在營養標示上「隱藏」反式脂肪，因此務必查看成分表中是否有部分氫化油。很遺憾，市面上仍有許多食品（尤其是純素奶油與奶油乳酪替代品）含有反式脂肪。

那麼，蛋白質哪裡來？

我想這是純植物飲食者最常聽見的問題，而且都快聽膩了。最簡單的回答就是「所有的食物」。太多植物性食物都含有大量蛋白質，一般來說，像是穀類、堅果、種子、豆類、蘑菇、葉菜、蔬菜，對純素飲食者而言，不用太費力就能攝取到每日所需的蛋白質份量。不過，生酮飲食就比較棘手了。植物含有蛋白質，也有碳水化合物（還有脂肪），因此，維持足夠的蛋白質攝取量，但又要維持低碳水化合物攝取量，確實是一項挑戰。攝取足量的蛋白質，同時又維持在酮症狀態，是完全可以達成的壯舉。不過，要徹底透過原型食物達到這目標，而不靠蛋白粉或素肉等補給品，確實需要花費較多心力。

必需胺基酸和離胺酸

胺基酸是生成蛋白質的「基石」。我們的身體利用這些蛋白質修復與建構新的組織，合成荷爾蒙和酶。有9種胺基酸被認為是「必需胺基酸」，也就是說，由於人體無法自行合成，人類必須透過食物才能得到這些胺基酸。肉類、蛋、乳製品等動物性食品都含有比例合理的必需胺基酸，因此，食用肉類、蛋類或乳製品的人，通常毋須擔心缺乏特定胺基酸。而純素飲食者就不一樣了，必須花費更多心力。絕大部分的植物性食物都含有9種必需胺基酸，不過，有些胺基酸的含量卻非常少。只要飲食包含各種不同食物，通常一到兩天內就能達到均衡的胺基酸攝取量。

對純素飲食的老舊思維認為，唯有混合食物（例如豆類和穀類一起食用）才能攝取適當比例胺基酸。幸好這個觀念已經被眾多醫療專業人士破除[24]。然而，純素生酮飲食中，其中一種胺基酸特別棘手，那就是離胺酸。離胺酸最常見於豆類，對生酮飲食者而言，是大豆的同義詞。如果不吃大豆製品，其他低碳水植物性離胺酸的食物來源包括羽扇豆、豌豆蛋白粉，南瓜子也多少可以考慮。每日包含一份大豆、羽扇豆或豌豆蛋白粉，就能提供達到所需份量（假設已經達到整體蛋白質需求）的離胺酸[25]。大部分的植物性蛋白粉也能提供充足的離胺酸，不過，最好還是檢查一下營養標示，確保你選擇的蛋白粉含有完整的胺基酸補充，而且比例正確。優質蛋白粉通常會列出產品中每一種胺基酸對應人體需求量的百分比。

蛋白質消化率

進行純素飲食時，還有另一件事必須注意，那就是植物性蛋白質的消化率較低。大豆和小麥蛋白通常被認為在消化率方面最接近動物性蛋白質[26]，不過，在大多數情況下，純素蛋白質的生物利用率極低。換句話說，植物性食物所含的蛋白質中，被人體利用的比例較低。因此，對純素飲食者（尤其是運動員）的一般建議是謹慎小心，要攝取高於政府飲食指南建議的蛋白質份量[27]。由於生酮飲食較偏向適量蛋白質，許多純素生酮飲食者會選擇補充一份無糖蛋白粉，以確保攝入足夠的蛋白質，同時減少碳水化合物的攝取量。

微量元素

除了巨量營養素（前面已經討論過），也務必考慮到「微量元素」。「微量元素」就是維生素、礦物質與其他植物性化學物質，會跟著巨量營養素一起被吸收，對人體的日常功能扮演重要角色。由於生酮飲食往往會排除含有某些必要維生素與礦物質的穀類產品，採取這種飲食法的人必須注意缺乏微量元素的可能性。富含深色葉菜、堅果與其他原型食物的均衡飲食，應該足以提供大部分的微量元素，但還要特別顧慮到某些維生素和礦物質。請務必與專業醫療人士討論正在考慮食用的營養補給品，尤其是健康問題或正在服用處方藥物。

維生素B12

對於不常食用奶蛋食品的純素或素食者，我會首先建議補充維生素B12。證據顯示，服用二甲雙胍治療糖尿病的人，由於吸收變差，缺乏維生素B12的風險會提高，即使攝取動物性食品亦然[28]。雖然有些證據顯示，可以從食物（尤其是紫菜和香菇[29]）獲取維生素B12，但並沒有足夠的有效研究和文獻支持這項說法，因此強烈建議額外補充[30]。維生素B12在紅血球細胞的形成、神經功能和合成DNA都扮演關鍵角色[31]，在心血管健康中亦然，所以絕對不等閒視之！

市面上有許多維生素B12補充劑，而針對純素飲食者的綜合維他命裡常常包含B12。此外，許多素肉與其他「純素食品」也含有添加的維生素B12。

其他維生素B

維生素B群普遍存在於肉類與強化穀類產品,因此,實行植物性低碳水飲食的人必須找出替代來源。許多堅果和種子都含有足量的維生素B群。除了維生素B12,維生素B5或泛酸也常常是純素生酮飲食的限制因素。成人的RDA攝取量是5毫克[*32],搭配簡單的基礎計畫就能輕鬆達成。以下食物都是很好的來源:

食物	維生素B5 (毫克/100公克)
生葵花子	7.06
煮熟的香菇	3.59
煮熟的白蘑菇	3.16
生花生	1.77
生棕蘑菇	1.50
酪梨	1.46
煮熟的波特菇	1.26
烤花生	1.20
亞麻籽	0.98

資料來源:美國農業部國家營養資料庫
(USDA Food Composition Database)

這些食物都含有各式各樣的維生素B,因此,我認為將重點放在維生素B5上更容易。只要維生素B5符合標準,其他維生素通常也都會達標。顯然不太可能一天吃下100公克的亞麻籽,但是一顆中等大小的酪梨實際重量約為140公克,所提供的維生素B5比5毫克的每日建議攝取量還多出40%。如何在飲食中獲取各種維生素B?我最喜歡的方式就是加入營養酵母。我喜歡把營養酵母撒在煮熟的蔬菜上,甚至撒在酪梨上。此外,它也給醬汁和沾醬帶來迷人的「乳酪」風味。請務必查看購買品牌的成分與營養標示,有些品牌會添加維生素B12和其他營養素。

維生素C

此處列出的維生素C名單,可能會讓你大感意外,不過,要獲取足量的維生素C,對某些遵循生酮飲食者而言,卻有點令人擔心。維生素C最常見於水果和蔬菜中,加熱後會遭到破壞[*33],因此不吃水果、僅食用少量煮熟蔬菜的人,可能會發現自己缺乏這種重要的維生素。幸好要獲取足量的維生素C真的非常容易。成人男性的每日建議攝取量為90毫克,女性為75毫克(孕婦則增加至85毫克,哺乳中的女性為120毫克)[*34]。請務必將下列食物加入您的飲食中,以確保攝取足夠的維生素C:

食物	維生素C (毫克/100公克)
生黃甜椒	181
生紅甜椒	127
生羽衣甘藍	93.4
生青花菜	93.2
生球芽甘藍	85
煮熟的青花菜	64.9
煮熟的球芽甘藍	62
生草莓	58.8
生紫甘藍	57

資料來源:美國農業部國家營養資料庫
(USDA Food Composition Database)

維生素D

維生素D的獨特之處在於，人體在受到紫外線照射時，會自行生產維生素D。很不幸地，一年當中，絕大多數人的居住地的陽光都太偏斜，以致於這個過程無法發生。因此，除非住在赤道附近，否則一年當中有許多個月可能都無法得到足夠的維生素D。研究也顯示，純素飲食者尤其容易缺乏維生素D[35,36]。為什麼維生素D這麼重要呢？問得好！你應該聽說過維生素D有助於骨骼吸收鈣質，然而這種脂溶性維生素比我們想像的更重要[37]。近期的研究提出，維生素D在免疫反應與調節、腦部健康、心血管功能，甚至胰島素調節中都扮演重要角色[38]。雖然蕈菇和海藻中含有一定份量的維生素D[39]，其他植物性食物中也含有少量[40]，不過，純素飲食常常缺乏這種關鍵的營養素，因此強烈建議服用補充劑[41]。

鈣

大多數的人都知道，鈣是打造健康、強壯的骨骼不可或缺的重要角色，但這種礦物質的作用可不僅止於骨骼的強健度。鈣還負責血管收縮與擴張，以及荷爾蒙分泌和神經傳導等功能[42]，因此，獲取足量鈣質相當重要。植物性飲食者雖然可能單純透過原型食物，就能獲得每日建議的鈣質攝取量，但這絕非易事。以下表格列出十大富含鈣質的低碳食物。

食物	鈣 （毫克/100公克）
中東芝麻醬	426
杏仁	265
亞麻籽	255
寬葉羽衣甘藍	232
蒲公英葉	187
羅勒	177
芝麻葉	160
巴西堅果	160
生羽衣甘藍	150

資料來源：美國農業部國家營養資料庫
（USDA Food Composition Database）

雖然不太可能有人在一天之內吃下100公克中東之麻糊、杏仁或亞麻籽，不過，100公克葉菜只比3杯多一點點，絕對可以達成。一、兩盎司（不到60公克）表格中的高鈣食物也能提供每日必需的1000毫克鈣質。不過，這絕對需要一番計畫，而且並非每天都可行。我很喜歡葉菜類，但就連我也沒辦法一天吃下300公克裹滿中東芝麻醬和亞麻籽的葉菜。為了讓自己輕鬆一些，我試著尋找添加鈣質的非乳製奶，可為我提供約45%每日所需的鈣質攝取量。剩下的部分，我可以從原型食物中獲得。你也可以購買鈣質補充劑，或是專為純素飲食者推出的綜合維他命，其中一定會有鈣。電解質粉和混合飲料也是少量鈣質的來源，部分礦泉水亦然。

碘

你可能不常想到碘，不過，這絕對值得好好檢視，尤其如果你使用的不是加碘鹽（海鹽和粉紅喜瑪拉亞鹽岩都不含碘）。碘是製造甲狀腺激素的重要成分，因此，對甲狀腺與人體新陳代謝的正常功能至關重要[43]。成人的每日建議攝取量為150毫克，從海藻中就能輕鬆攝取。其實，偶有也會出現純素飲食者因為經常食用海藻而攝取過量碘的報導[44]。加入食物的海藻（請務必查看營養標示，確認碘含量）應該就足以作為碘的來源。然而，吃海藻會有重金屬污染的問題。既要攝取足量的碘，又毋需擔心吃下過量重金屬污染物，最簡單的方法就是選擇補充劑。許多純素綜合維他命所含的碘都很充足。

鐵

如果長期實行純素或素食飲食，你可能已經注意到必須費心尋找含鐵的食物。生酮飲食攝取鐵的方式並沒有太大差異，不過，有些我們熟悉的鐵質來源，像是扁豆、馬鈴薯和李子，並沒辦法真正發揮作用。成人的每日建議攝取量是男性8毫克，女性18毫克[45]。比起血基質鐵（動物性），非血基質鐵（植物性）的生物利用率較差，因此，一般建議純素飲食與素食者將鐵的攝取量提高至男性12公克，女性33公克[46]。下方表格列出富含鐵質的食物，不過，其他食物中也含有鐵，特別是深色葉菜與橄欖。

食物	鐵 （毫克/100公克）
中東芝麻醬	8.95
生南瓜籽	8.07
去殼大麻籽	7.95
奇亞籽	7.72
生葵花籽	6.36
亞麻籽	5.73
豆腐	5.36
生榛果	4.70
生花生	4.58

資料來源：美國農業部國家營養資料庫
（USDA Food Composition Database）

市面上有許多植物性鐵質補充劑，而幾乎所有針對純素飲食者的營養補充劑中也都包含鐵。

鎂

鎂和鉀一樣，是一種電解質，為人體內許多交互作用（超過300種！[47]）的必要元素，包括肌肉和神經功能、蛋白質合成，以及血糖控制。成人的每日建議攝取量為男性400毫克，女性310毫克，50歲以上的男、女性則要增加至分別420毫克和320毫克。透過純素生酮飲食的原型食物就能輕鬆達標，不需要額外補充。下方表格列出最容易取得且富含鎂的低碳水植物性食物來源：

食物	鎂 （毫克/100公克）
去殼大麻籽	700
生南瓜籽	592
可可粉	499
亞麻籽	392
生巴西堅果	376
中東芝麻醬	362
生葵花籽	355
奇亞籽	335
無糖巧克力	327
烤杏仁	279

資料來源：美國農業部國家營養資料庫
（USDA Food Composition Database）

雖然任誰都不太可能在一天之內吃進100公克的上述食物，不過，吃下3大匙（30公克）份量的大麻籽，就能提供210毫克的鎂。其餘的部分就能在一天當中輕鬆透過食用其他種子、堅果和/或葉菜獲取。如果你和你的家庭醫師認為你需要更多鎂，補充劑（單方或鈣鎂二合一）、電解質粉和礦泉水也是很好的選擇。

鉀

鉀也屬於電解質，對於調節細胞外液非常重要[48]。（還記得高中生物課的鈉鉀幫浦嗎？）成人足夠的鉀攝取量，男性和女性皆為4700毫克[49]。幸運的是，植物性植物中都含有大量的鉀。

下方表格列出最容易取得且富含鎂的低碳水植物性食物來源：

食物	鉀 （毫克/100公克）
去殼大麻籽	1,200
煮熟的甜菜葉	909
乾烤葵花籽	850
亞麻籽	813
乾烤南瓜籽	809
乾烤榛果	755
生杏仁	733
生毛豆	620
中東芝麻醬	582
生菠菜	558

資料來源：美國農業部國家營養資料庫
（USDA Food Composition Database）

雖然這些食物以重量計算的含鉀量最高，不過，幾乎所有食物都含有這種營養素。甚至一杯8盎司（240毫升）的手沖咖啡也有116毫克的鉀呢！也可以從電解質粉和混合飲料獲取較少量的鉀。

鋅

　　鋅是另一種對免疫功能不可或缺的營養素，即使實行純素生酮飲食，也能從食物中獲得足夠份量。鋅的建議攝取量為男性11毫克，女性8毫克*50。由於植物性食物中的鋅的生物利用率低，有些醫療專業人士建議素食者與純素飲食者將攝取量增加30%*51。

　　下方表格提供常見的純素生酮食物中，每100公克（3.5盎司）的鋅含量：

食物	鋅 （毫克/100公克）
中東芝麻醬	10.45
南瓜籽	10.30
芝麻	10.23
去殼大麻籽	9.90
腰果	5.78
葵花籽	5.30
大豆	4.89
奇亞籽	4.53
胡桃	4.53
杏仁	3.31

資料來源：美國農業部國家營養資料庫
（USDA Food Composition Database）

　　雖然不太可能在一天之內吃進100公克的上述食物，不過，可以看出，每天吃一份其中一種食物，就能輕鬆達到鋅的建議攝取量。

維持單純的補充劑

　　我很喜歡「能堅持的『XX』（自行將XX代換為事物）就是最好的」，而且我在日常補充劑中也貫徹這理念。如果你覺得每天服用3次藥錠、每次5顆聽起來很恐怖，我完全同意。我也很難記得每天服用維生素D和維生素B12。如果你知道自己無法從食物中獲取足夠的營養素，最簡單的解決之道就是，針對純素飲食者的綜合維他命，這樣就應該足以應付基本需求了。之後，當然可以隨時調整補充劑。

　　多年來，我為自己的日常補充劑做了許多改變。在健康食品商店工作時，我一定會查看補充劑貨架區是否有新的或是不一樣的商品，當時的飲食和生活方式既昂貴又有點麻煩。旅行的時候，我總是不忘帶上各種夾鏈袋和藥盒。當時顯得很正常，但現在回想起來，似乎有點瘋狂。目前的每日補給單純多了。大部分時候，我只會吃各式各樣的食物，服用海藻製的omega-3、維生素D和B12補充劑，營素攝取不足的日子，則會加上綜合維他命。健身後，我會在一杯水中加入一份無糖電解質粉，補充因為流汗而流失的電解質。我要說的重點是，你其實不需要超複雜而且所費不貲的生活飲食法，給身體需要的東西就夠了！

常見的生酮問題

生酮和低碳水飲食一開始可能會讓人感到難以應付。有太多新的字眼和概念要學習，更不用說生酮飲食常常和我們學到的飲食方式大相逕庭。這確實要花些時間才能習慣。為了幫助你較輕鬆地度過這段時期，我想先從回答一些我常收到的問題開始。

為何嘗試生酮？

由於對減重非常有效，生酮飲食也備受關注。但是還有許多其他理由，不妨考慮和你的醫生討論生酮。生酮飲食也用於管理與治療各式各樣的失調症與疾病，包括糖尿病、多囊性卵巢症候群、非酒精性脂肪肝、阿茲海默症、帕金森氏症、猝睡症、憂鬱症、癌症等，族繁不及備載[52]。目前正在進一步研究酮症對內分泌失調[53]、慢性疼痛[54]，甚至粒線體疾病[55]的益處。由於生酮飲食的抗發炎特性，每年都有新的研究結果顯示更多好處。

植物性、素食或純素生酮飲食與標準的生酮飲食有何不同？

最顯而易見的答案就是，植物性、素食和純素生酮飲食者選擇在飲食中放棄肉類、魚類、大骨湯和吉利丁。遵循純素生酮飲食方式的人，也避免蛋類和乳製品，部分素食者與植物性生酮飲食者亦然，端視他們的飲食需求或顧慮。不同於從動物攝取脂肪和蛋白質，並以蔬菜做為配角，典型的植物性生酮飲食著重在攝取低碳水蔬菜，並透過堅果、種子、椰子、橄欖和酪梨等蔬食獲取脂肪。蛋白質也能透過相同的食物與豆類獲得。一如標準生酮飲食，有些人選擇以蛋白粉或蛋白棒形式攝取蛋白質，並作為簡便的早餐或點心。

由於對植物性食物的關注提升，而這些食物除了蛋白質和脂肪，也含有碳水化合物。比起傳統生酮飲食者，遵循純素生酮飲食方式的人，常常將對碳水化合物的標準設定得較高。對遵照原型食物純素生酮飲食，並選擇避免蛋白粉和加工素肉品者，尤其如此。（更多關於定義碳水化合物目標的內容，請見27和28頁。）

蔬食攝取量增加往往也表示按照生酮法的純素飲食者，攝入較多纖維，轉換到生酮時，通常不太會發生便祕的情況。純素生酮和普通生酮之間最主要的差異在於，純素派必須多花點心思注意食物，確保獲取身體所需的所有維生素、礦物質、胺基酸和脂肪。但是，這和標準純素飲食並沒有太大的差別。

可以在不減輕體重的情況下進行生酮飲食嗎？

目標不是減重的人，看到這麼多人因為生酮而快速減重，想必會有些擔憂吧。別害怕！雖然一開始會因為脫水而減輕幾磅，不過，只要吃下足夠的熱量，體重就不會持續減輕了。如果你發現在不希望的情況下體重減輕，試著增加卡路里攝入量。你可能必須費心追蹤卡路里（更多營養追蹤，請見28和29頁），確保自己吃得足夠，因為酮症最常見的副作用，就是降低或抑制食慾。如果嘗試生酮飲食的原因不包括減重，那麼，不妨從每日攝取約50公克淨碳水做起，這是建議攝取量20至50公克的上限（請見27和28頁），可幫助你以較溫和的方式進入酮症。這麼做也有助於緩和酮症不適的影響，40和41頁的內容即討論此一主題。若在不以減重為目標的前提下進行生酮，或許可以選擇不要追蹤營養，改以較直覺的做法。這做法常被稱為「懶人生酮」（lazy keto）。更多直覺式飲食與懶人生酮的內容，請見36頁。

不吃大豆可以進行純素生酮嗎？

這是個好問題，食用大豆在健康領域向來是頗具爭議性的話題，尤其是在純素飲食和素食者之間。一方面來說，大豆是絕佳的低碳水完全蛋白質來源[56]，但植物性雌激素含量也相當高，其安全性仍在激烈爭論中[57]（尤其是對有荷爾蒙疾病的人）。此外，許多人對大豆過敏或不耐受，使得將這種豆類納入其飲食，會導致極度不適，或者根本不可行。

無論出於何種原因而無法食用大豆，都不需要擔心，大豆絕對不是純素生酮飲食的必要元素。我個人將大豆歸類在「適度食用」的類別，我選擇偶爾享用天貝或豆腐，但並不會將大豆加入日常飲食的一部分。食用大豆時，我會盡量選擇加工程度最低的食品（例如原型毛豆、豆腐、天貝），並優先選購有機產品。本書中大部分的食譜完全不含大豆，大多數含有大豆的食譜也提供簡單的替代品，像是用椰子胺基醬油來取代溜醬油（tamari）。

哪些食物含麩質？

　　如果你有麩質不耐症，那麼，恭喜你！本書中每一道食譜都不含麩質。我也是被麩質害慘消化的倒霉鬼，因此書裡沒有任何含麩質的食物。生酮是開始低麩質飲食的好方法，因為含麩質的穀類也是高碳水化合物的食物，所以一開始就進行完全無麩質飲食，也不算太偏離生酮的規則。如果你可以食用麩質，選擇自然更多。對於沒有麩質不耐症的人來說，麵筋是絕佳的純素蛋白質來源。此外，市面上也有一些富含麩質的低碳水麵包產品。

如果我沒辦法吃堅果或花生呢？

　　容我再說一次，別害怕，本書中大部分的食譜都不含堅果和花生（嚴格來說，花生的英文名字雖然有個nut，其實是豆類呢），幾乎所有含堅果的食譜都有簡單的無堅果替代品。關於更多替代品，請見57頁。

什麼是淨碳水？

　　簡單來說，「淨碳水」就是指每份食物中對血糖有明顯影響的碳水化合物公克數。這個數字包含糖類和澱粉，但不包括纖維與大部分的糖醇。

　　正在進行生酮或其他低碳水飲食的人，提到每日碳水化合物攝取量時，很可能是指淨碳水。我在本書中談及碳水化合物目標時，指的就是淨碳水。

　　在美國和加拿大，將營養標示列出的碳水化合物總量，減去纖維和糖醇克數，就能算出食品的淨碳水克數。因此，例如一根蛋白棒的碳水化合物總量是17公克，纖維是9公克，糖醇是6公克，即可算出淨碳水為2公克，算式如下：

$$17-9-6=2$$

　　在歐盟、澳洲、紐西蘭和墨西哥，食品營養標示上列出的碳水化合物總量，已經將纖維算進去，因此不必再減掉纖維，不過，還是要減掉糖醇。因此，同樣的蛋白棒的碳水化合物總量會以8公克算起，只要減去6公克糖醇，就能得出同樣的2公克淨碳水總量，算式如下：

$$8-6=2$$

我該吃多少碳水？

大部分的人只要每天吃20至50公克淨碳水，就能達到並維持酮症。在這個範圍內，個人目標其實取決於幾個因素，包括身體消化碳水化合物的能力、運動量與目的。可以利用幾個不同的方法，確認最適合自身狀況的每日淨碳水克數。

記住，長期下來，這個數字會因為荷爾蒙波動（特別是女性）與生活方式或運動量改變而變動，因此最好定期評估自己的感覺，視情況增加或減少碳水化合物的攝取量。

以首要目標為基礎選擇起始數字

我曾經想過把這個方法命名為「隨機挑選數字，決定當日碳水化合物攝取量」，因為真實狀況差不多就是如此。雖然這麼做並不精確也不科學，不過，卻是最簡單的入門方法。主要概念是在每日淨碳水量20到50公克之間選一個數字並實行。當然啦，之後也可能會因為感覺和看見（或是沒看見）的結果而煩惱。

如果目標是減重，選擇每日淨碳水量約20到35公克之間的數字，可以幫助你更快達到目標。不過，如果是出於其他原因而開始生酮飲食，那麼，從40到50公克之間開始也沒關係。

找出你的碳水化合物耐受度，來決定每日碳水攝取量

這個方法就需要多下點工夫了，不過，可幫助你計算出理想的碳水化合物攝取量。我很喜歡這個方法，因為比較精確。但是由於比較費心力，或許在酮適應後再嘗試更好。

基本上，碳水耐受度就是在保持酮症的同時，一天可攝取的最大碳水化合物份量。如果你非常愛吃蔬菜（或莓果），想在生酮飲食期間盡情享用，那麼，知道這個數字會很受用。進入酮症狀態一段時間後，知道自己的碳水化合物耐受上限很有幫助。

找出自己的碳水化合物耐受度最簡單的方法，就是進入酮症狀態，然後一次增加5公克每日淨碳水攝取量。每次增加份量後要持續3天左右，然後再多加5公克。一旦脫離酮症狀態（藉由測試酮指數就能明確辨認，更多解釋請見37和38頁），你會知道自己已經達到碳水耐受度的極限，應該要接近前一次增加碳水總量但仍維持酮症的數字。

舉個例子，假設你從每日25公克淨碳水開始好了。進入酮症後，就可以將此一數字增加到30公克，然後35公克，接著到40公克，以此類推，直到脫離酮症狀態。假設在每日50公克淨碳水時，你就不再維持酮症狀態，那麼，就能得知應該努力將每日淨碳水攝取量維持在45公克以下。

20公克的數字怎麼說？

每日淨碳水20公克已經成為生酮圈的某種標準。主要是因為20公克淨碳水門檻幾乎可以幫助任何人達到酮症狀態。另一個原因

則是某個非常知名的低碳水飲食法，使用每日20公克淨碳水的限制，當作「引導期」。但這個數字可不是生酮飲食的一切！就像我說的，絕大多數人的每日淨碳水攝取量在20到50公克之間時，都能進入酮症狀態。

不過，限制純素飲食每日20公克淨碳水，同時又要攝取足夠蛋白質，這點確實稍具挑戰性。如果分析純素飲食巨量營養素，其蛋白質來源諸如堅果、種子、豆類，並與動物性蛋白質來源，像是肉類、乳製品和蛋類，很快就會發現，絕大多數的動物性蛋白質來源所含的碳水化合物非常低，但在植物性植物中卻並非如此。純素蛋白質蛋白質來源的原型食物中，還附送脂肪和碳水化合物。

不過，這並不表示這項任務絕對無法達成，許多食物，像是大麻籽、南瓜子、大豆，都含有豐富的蛋白質，但淨碳水克數含量相對較低。只要仔細計畫，絕對能夠獲取足夠的蛋白質與其他營養素，同時維持超級低的碳水攝取量。如果你計畫在飲食中加入蛋白粉和/或素肉，那麼，20公克淨碳水限制根本不成問題。

當然，能夠在純素生酮飲食中維持超低碳水量，並不代表一定要這麼做。只要攝取量

在20至50公克的範圍內，最適合的份量才是應該要堅持下去的數字。

該吃多少熱量？

開始討論熱量之前，我想先聲明自己的立場，而且一定要說，我認為熱量攝取量並不像節食產業希望我們相信的那般重要。我並不是說熱量無所謂，而是人體的需求並不像線上計算器顯示的箇果那樣簡單明確。

人體的需求會依照運動量與其他因素而每天改變，因此務必傾聽身體的訊號。如果某天你感覺特別餓，不小心超過為自己設定的熱量目標，別驚慌，把重點放在選擇健康的食物，提供身體需要的營養即可。

好吧，我到底該吃多少熱量？

一如你的碳水化合物目標，熱量需求取決於一大堆因素。線上巨量營養素計算機會考慮到其中部分因素，依照你的每日熱量消耗數字與減重目標，計算出熱量目標。我的網站上有計算機（http://meatfreeketo.com/vegan-keto-macro-calculator/）可幫你測定熱量和巨量營養素。你也可以使用許多減重和食物追蹤應用程式中內建的計算機。

為了增加長期成功的機會，我建議找到合理的熱量目標，才能長時間持續。雖然你可能為了想快點看到結果，而想大幅減少熱量，但太過極端的熱量限制，反而容易導致暴食。CICO（calories in, calories out熱量攝入消耗）模式或許不盡完美，而且並非對每個人都有效，但如果能讓你感覺比較輕鬆舒服，仍不失為好的開始。

想要算出應該吃下的熱量平均數字，你絕對要知道兩個重要縮寫：

- **基礎代謝率（basal metabolic rate）**，又稱為**BMR**，意指身體維持基本日常功能的熱量數字。我絕對不建議吃低於BMR。運用幾種公式都能計算出BMR。我最喜歡的是Katch-McArdle的算式，它會考慮淨體重（代謝機能活躍的組織），以測定熱量需求。算式如下：

$$\boxed{BMR} = 370 + (21.6 \times 淨體重\ 公斤)$$

如果不知道自己的淨體重，可使用以下算式：

$$\boxed{淨體重} = (體重公斤 \times\ 100-體脂率)/100$$

網路上也能找到BMR計算機。

- **每日總消耗熱量（daily energy expenditure）**，又稱**TDEE**，為BMR加上每天活動所燃燒的能量，任何活動都算，從打掃家裡、外出遛狗，甚至到健身房都是。利用許多營養計算機都能得出這項數字，粗略接近一天燃燒的熱量。

如果你只是想要吃入的熱量少於燃燒的熱量，那就要吃得比TDEE少，但比BMR多。我認為合理的熱量赤字介於10和15%之間。因此，如果你的TDEE為2000大卡，那麼，就要吃入1700到1800大卡。

我要再度重申，我不認為CICO是理想的模式，不過，確實適合許多人。如果你不是其中之一，別擔心，與其被熱量搞得頭昏腦脹，不如專注在巨量營養素，或單純選擇健康低碳水的食物吧。

進入酮症狀態要花多少時間？

進入酮症狀態的確切時間，取決於你的活動量、新陳代謝，以及每天吃進多少淨碳水，不過，通常需要2到3天。如果你的活動量很大，絕對可以在一到兩天之內就進入酮症狀態。切記，每個人都不一樣，如果3天後還沒進入酮症狀態，也不要驚慌！

想知道自己是否進入酮症狀態，不妨測試生酮指數。方法請見37和38頁。

超過碳水限制會怎麼樣？

很容易一不小心就會超過碳水化合物的目標，特別是剛開始嘗試生酮飲食的人。很多人寄訊息告訴我，他們開始實行生酮，但是碳水超量好幾次，感覺自己很失敗。

千萬記得，不要有壓力，很容易就因為多吃一點點碳水化合物，就陷入認為自己「毀了」一整天的模式。

如果只超過碳水限制目標幾公克，很可能什麼都不會發生。請記住，大多數人維持酮症的範圍介於每日20到50公克淨碳水。如果遠超出限制的份量，那麼，就有可能脫離酮症，但也沒什麼大不了的。持續選擇健康的食物，堅持低碳水飲食，就會不知不覺回到酮症狀態。

生酮圈有一句名言：「保持冷靜，繼續生酮」（Keep calm, and keto on），我認為碳水超量、感覺自己退步的時候，尤其要將這點放在心上。

生酮期間可以運動嗎？

　　許多人開始進行生酮飲食的時候，能否繼續運動是他們最大的煩惱。答案有一點複雜（驚訝吧！）。是的，你絕對可以在生酮期間運動，當然啦，前提是你健康到可以運動（這是另一個必須和你的家庭科醫師討論的話題）。不過，你的運動品質可能會有些變化。第一次實行生酮飲食的時候，我的主要動機是減重。由於我和朋友們剛搬進一棟公寓，附設很棒的健身房，我想何不好好利用，在新展開的飲食生活習慣中加入一些有氧訓練。

　　但過程一點也不順利，我一下子就氣喘如牛，完全敗給跑步機，感覺就像在水裡跑步，所以我放棄了。隔天我又試了一次，落得同樣下場。這樣持續了好幾週。

　　從各位寄來的訊息中，我得知自己並不孤單。好多人都說剛開始生酮飲食時的健身真是太慘了！好消息是，這完全正常，而且總有一天會消失。

　　研究顯示，改為低碳水高脂肪飲食的運動員，整體的運動表現會提升，但可能需要好幾週到好幾個月的時間，身體才能完全適應燃燒脂肪而非肝醣[58]。除了提升運動表現，生酮飲食已被證實可增進脂肪的新陳代謝，減少中強度運動時的肌肉損傷[59]。

　　有些運動員回報，每5、6天必須補碳（詳情請見下一段），以維持運動表現，有些人則偏好在訓練前攝取碳水量略高的蛋白飲。每個人的反應都不同，因此你可能要做些實驗，找出最適合自己的方式。

　　雖然並沒有大量關於生酮飲食影響運動的報告，目前已有更多研究正在進行中，我想這一定是很值得關注的領域。

什麼時候可以安排
作弊日或補碳日？

　　作弊日、作弊餐、補碳日都是遵循低碳水和生酮飲食者的熱門話題。雖然作弊日/餐和補碳日有點不一樣，不過，主要都是達到相同作用，因此我把它們放在一起討論。

　　我就開門見山直說了，我不喜歡用「作弊」來形容較高碳水的正餐或一日飲食。我覺得這個字眼將部分道德指標加諸於某種飲食方式，而且多添加一層罪惡感。比起「作弊日」，我比較喜歡以其本質來稱呼它——高碳日。

　　這種區別或許顯得很無聊，但是我發現在腦海中轉換作弊日的概念，能幫助自己和食物保持更健康的關係。而稱之為「作弊日」，似乎鼓勵了為暴食而暴食。以「高碳

日」重新稱呼「作弊日」，會減少想要放縱大吃在雜貨店垃圾食品貨架區錯過的所有零食的瘋狂需求，並鼓勵你多思考這些額外碳水的營養層面。

作弊日

基本上，作弊日就是把規則丟一邊，大啖非生酮食物的日子。「作弊」的原因由你決定，也許那是你的生日，你真的很想吃蛋糕，又或者你只是超級想吃薯條和來杯啤酒。一般來說，作弊日吃的食物屬於垃圾食物的類別。作弊日往往也表示暴食，源自享受「禁忌」的食物的慾望。作弊日吃下的碳水化合物份量因人而異，不過，主要的概念是，作弊日在生酮飲食，也就是自願進行的碳水化合物禁慾主義中，提供片刻盡情吃喝的喘息。

作弊日這種概念，對某些人來說非常有用，其他時間抱持對即將到來的醣類饗宴的希望，能夠戒掉高碳水與含糖食物。這些人通常很快就能從高碳日恢復。碳水較高的日子也能提供繼續低碳水飲食，幫助某些人持續下去。知道自己在預定的日子中可以吃些高碳水食物，或許有助於在其他日子維持低碳水飲食，而不亂吃薯片或糖果。如果這個方法對你有效，那就這麼做吧。計畫高碳水日（或單獨一餐）的時機取決於你，但是，我並不建議在轉換到生酮飲食的頭3、4週內就作弊。給自己時間調整飲食習慣，然後才加入其他較複雜的要素。除此之外，有些人喜歡每週作弊一天或一餐，也有人認為每個月一次就夠了，有些人甚至完全不需要作弊日呢。這完全取決於高碳水日給你的感受。

補碳日

補碳日通常帶有比較實際的目的。某些族群，像是運動員和部分女性，單純需要多一些碳水讓自己感覺好過一些，不過，他們還是想要體驗酮症狀態的益處。補碳日不失為一個好方法。有些人回報，如果每週補碳一次，感覺好多了，其中包括耐力型和形體運動員*60。

通常會事先排定補碳日，頻率每週一次不等，重點是以有控制的方式攝取碳水化合物。補碳日沒有無限量的披薩或冰淇淋，反而可能會在午餐和晚餐時加入一杯米或地瓜，補充體內的肝醣儲存（肝醣儲存機制請見第8和9頁。）補碳日的脂肪攝取量通常比較低，以減少不必要的體重增加。有些人會將補碳日的脂肪攝取量限制在50公克以內。

安排補碳日的時機完全取決於你。容我再次說明，我並不建議在轉換到生酮飲食的頭3、4週內就安排補碳日，因為你的身體還在適應低碳水飲食。不過，如果注意到自己在一個月左右之後感到疲倦遲鈍、筋疲力盡，或許可以嘗試補碳日，看看是否有幫助。

維持與更長遠的未來！

達到減重目標後，就可以開始所謂的「生酮維持期」了。在這個階段中，你或許會為了酮症狀態帶來的其他好處而選擇維持，但又不希望繼續流失體重。

維持期通常需要增加熱量攝入和淨碳水攝入量，才能維持當下的體重。維持期中，食物的選擇通常比較自由，許多人在這個時候不再追蹤熱量，以較直覺的方式吃東西。（更多直覺式飲食和「懶人生酮」，請見36頁。）

如果希望維持在酮症狀態，最好找出自己的碳水耐受度（請見27和28頁），尤其想要在飲食中加入更多蔬菜或水果時。

對某些人來說，「維持」也許代表每日攝取50到150公克的典型淨碳水（非生酮）飲食，並且吃較多澱粉和水果。如果你覺得這種方法給身體的感覺最好，就這麼做吧！最重要的是，找出對自己最持久的做法。

對我來說，「維持」就是隨心所欲地吃。我選擇吃低碳水食物，因此，大部分時間我依舊處在酮症狀態。不過，有些時候我也會吃碳水較高的食物，讓自己脫離酮症。我已經不再擔心是否「正在實行生酮飲食」，大部分正餐只會以抗發炎、營養密度高的原型食物為主，確保為身體提供足夠的巨量營養素。

我的一天吃什麼？

我的信箱中常常冒出許多關於我的個人飲食習慣與長期生酮飲食的問題。我開始植物性生酮飲食方式已經6年了，這些年來，我的一日飲食其實改變很多。

現在我處於維持模式，並沒有太費心保持超低量碳水，也不會過度重視熱量。我的目標是每天攝取30至50公克淨碳水（大部分來自蔬菜和些許莓果），熱量在落在2000和2200大卡之間。當然啦，有些時候我會吃下超過2200大卡，有些時候則勉強吃進1600大卡。我只是盡量在肚子餓的時候吃東西，吃飽後就停止，並且選擇讓身體感覺舒服的食物。至於我實際吃的食物，通常我會來杯咖啡或椰子抹茶拿鐵（請見158頁）。至於「早餐」，要吃早餐的時候，通常會在酪梨吐司（76頁）或「無燕麥燕麥粥」（65頁）上做些變化，並搭配綠果昔。午餐幾乎都是一大份沙拉，裡面是大量葉菜和些許清脆蔬菜。晚餐的變化很多，端看當時我在部落格上研究的食譜。從罐子裡直接挖花生醬，就是我最常吃的點心，不開玩笑！

想大致了解我的正餐類型，看看本書中的食譜即可，這些食譜很能代表我特有的飲食習慣。我偶爾會在部落格上貼出「我的一天吃什麼」文章，到以下網址就能找到所有文章：http://meatfreeketo.com/category/what-i-eat-in-a-day/

如何開始生酮飲食

既然現在你已經了解生酮飲食是什麼，我們就來談談如何開始吧！一如所有事物，生酮可以很簡單，也能搞得很複雜。並不是每個人都能自如地為每一口吃下肚的食物秤重紀錄，同理，並非人人都能在毫無方向的情況下，自信地選擇食物。

幸好，你可以使用以下主要兩種生酮飲食法之一，制定自己的方法：追蹤法與懶人生酮法。可以隨心所欲地在兩者之中擇一或是交替使用。我常常會混合兩者，也就是使用懶人生酮法選擇要吃的食物，然後回顧追蹤，因為我很喜歡分析資訊。

這點隨著時間改變了。初次開始生酮飲食時，我只追蹤紀錄淨碳水，盡量讓自己輕鬆一點。幾個星期後，我也開始追蹤紀錄其他巨量營養素。5、6個月後，我不再追蹤紀錄，轉而接受懶人生酮法，再之後，隨著我開始較頻繁地寫部落格及規劃三餐，我變得認真追蹤食物和熱量，也開始研究巨量營養素和微量元素。

沒必要把自己綁死在其中一個方法上。兩種都嘗試，看看哪個更適合自己吧！

追蹤法

如果你是熱愛數據的人，那麼，感謝老天，我有個好消息！生酮飲食原本就是將重點放在巨量營養素上的飲食法，因此非常適合積極的食物追蹤。

在追蹤範圍內，你可以選擇將重點放在某些方面（例如巨量營養素的比例，或是淨碳水目標），或是不遺餘力地紀錄所有項目。追蹤紀錄食物的方式沒有單一標準答案。

只追蹤紀錄碳水化合物攝取量

這絕對是生酮飲食中追蹤紀錄食物的最簡單的方法。我就是從這個方法開始的，我認為，這也是最「使用者友善」的方法。基本上，只要專注追蹤淨碳水攝取量，目標是把它維持在一定限度內。

剛開始的時候，我將目標設定為20公克淨碳水。我一整天都在不斷計算碳水攝取量，但不強調總熱量、蛋白質克數或脂肪百分比。整個第一週，我都這麼做，直到習慣這種新的飲食方式。這時我才開始紀錄其他目標，像是熱量、蛋白質、脂肪。只擔心一件事，真的幫助我專注，避免生酮變成沉重的負擔。

我當時的飲食超級均衡嗎？大概不是，均衡是之後才要解決的問題。對於想要設定某種目標，但又對不得不擔心巨量營養素的均衡有些意興闌珊的人，我非常推薦這種追蹤方式。

不需要下載應用程式才能追蹤碳水攝取量（不過，你還是可以使用，請見下方的應用程式列表）；簡單的筆記本就可以了。更多關於飲食日記紀錄的內容，請見36頁。

追蹤巨量營養素百分比

如果已經準備好面對比追蹤淨碳水更進階一些的東西，不妨考慮追蹤碳水化合物、蛋白質和脂肪的總攝取量。對於這個方法，我絕對推薦下載MyFitnessPal、Loselt或Cronometer等應用程式。這些應用程式可讓你設定個人的巨量營養素目標，然後詳細說明每一種巨量營養素該吃多少公克。記住，應用程式並沒有「淨碳水」設定（Cronometer有），因此，你可能必須動手計算這項數字。

很多遵循生酮飲食的人喜歡將脂肪、蛋白質和碳水化合物攝取量維持在一定範圍內：

· 脂肪攝取量通常介於總熱量的60%到80%。

· 蛋白質攝取量一般介於總熱量的15%到30%。

· 淨碳水攝取量通常介於總熱量的5%到10%。

如你所見，其實在這些數據中能變化的範圍相當廣。實行原型食物純素生酮飲食的

人，也許會發現自己攝取的碳水化合物較接近每日總熱量的10%，因為幾乎所有純素蛋白質食物來源也都含有碳水。

你可以根據當天計畫要吃的食物，預先紀錄正餐，也可以在每餐後紀錄。我不建議等到一天結束後才一口氣紀錄所有內容，因為要記住所有吃喝下肚的東西，實在很困難。剛開始把所有食物輸入應用程式時（或是實體的食物日記，如果你的作風比較偏向實體），或許會顯得有點枯燥乏味，但過一陣子就會變得自然而然，而且寫下所有餐點內容，花不到兩分鐘時間。

大部分應用程式也允許追蹤體重和體圍，如此長時間下來，就能看出進步。

追蹤一切

最後，如果只追蹤巨量營養素，讓你覺得有點無聊，不妨拓展追蹤範圍，開始關注微量元素和熱量。除非你是食物追蹤的老手，否則我會先停在這裡，直到你建立起規律的生酮飲食。

Cronometer是我推薦用來追蹤一切的網站和應用程式。「基本」功能（仍相當進階了）是免費的，可讓你追蹤從維生素、礦物質到各種類型的脂肪與特定胺基酸。如果想要從食物中盡可能獲取營養，而非依賴過多補充劑，那麼，這些功能真的非常有用。

關於追蹤熱量。雖然我認為對某些人來說，熱量攝取是有用的方針，不過，沒有必要過於執著或不知變通。如果某天超過熱量目標，別驚慌，你的身體需求每天都會依照荷爾蒙濃度、運動強度，甚至前一晚的睡眠量等因素而波動。

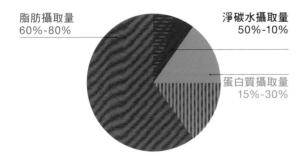

脂肪攝取量
60%-80%

淨碳水攝取量
50%-10%

蛋白質攝取量
15%-30%

懶人生酮法

如果追蹤一天當中的所有食物，及試圖平衡巨量營養素和熱量，感覺有點太累人，別慌，還有別的出路。這個方法常被稱為「懶人生酮」，基本上只需要吃低碳水食物，避免高碳水食物即可。就這樣，毫無壓力，無需任何追蹤應用程式，每次想吃零食時，更沒有一大堆腦內運算。

如果不想讓每日例行公事更加複雜，寧願專注在努力選擇健康的食物，那麼，懶人生酮就是很好的做法。如果不試圖減重，只是想要繼續維持酮症狀態，這個方法會非常有效。

懶人生酮不僅適合正在努力站穩腳步的入門者，也很適合長期實行生酮飲食、已經達到維持階段的專業人士。這絕對是最能長久持續的飲食方式，因為大多數的人都不會希望餐餐依賴熱量和巨量營養素追蹤法。

我很喜歡懶人生酮法，因為可讓你專注在身體對所選擇的食物的反應，也能在毋須擔心達到某些巨量營養素或熱量目標的前提下調整飲食。這個方法使你有機會在生酮飲食的框架中練習直覺的飲食方式。的確，如果只是粗略檢視，這兩個概念乍看互相抵觸，但可別被表面騙了！你絕對可以練習正念和覺察，並將許多直覺式飲食原則應用在生酮或低碳水飲食法上。

· 吃東西時避免讓人分心的電視或電腦。如果沒有專心在正餐上，很容易吃過量。

· 花點時間思考身體傳達的訊息。口渴的訊號常常會被誤解成飢餓。浮現飢餓感時，不妨喝些水試試。如果沒有效，那麼，你可能真的肚子餓了。

· 仔細徹底地咀嚼食物，每一口之間都要稍事停頓。

· 注意某些食物對你的影響。不妨考慮寫飲食日記，以便幫助你釐清吃下的食物在生理和情緒之間的關係。

寫飲食日記

即使不追蹤熱量或嚴密控管巨量營養素的攝取，我仍認為飲食日記是非常有用的練習。

我剛開始學習營養學時，導師要求我寫為期7天的飲食日記。我信心滿滿地著手紀錄，以為很清楚自己吃了什麼，以及食物對我的影響。畢竟我對營養學很有興趣，而且是一位純素飲食者，這不就代表我已經吃得很健康嗎？但事實證明並沒有，我其實吃得並不健康。日記顯示，冷凍蔬菜、含糖蛋白棒與椰奶拿鐵，一成不變的飲食習慣導致我總是疲憊不堪、暴躁易怒、水腫，而且無時無刻感到飢餓。誰想得到呢？繳交這份作業時，我覺得有些尷尬，不過，凡事總有開頭，而且看著寫下的一切，真的幫助我在連結起某些反應與導致這些反應的食物。

飲食日記可以很單純，但你也可以想要多複雜就多複雜。基本上，要紀錄以下訊息：

· 每一餐或點心的時間

· 吃東西前的感受

・吃了什麼東西

・進食後當下的感受

・進食一小時後的感受

感受可以是生理上或情緒上的。你是否難過？焦慮？感覺肚子脹脹的？變得很睏嗎？所有這類反應都很重要。你可以利用筆記本、試算表，甚至手機的應用程式也行。我寫飲食日記時，就會隨手抓一張筆記紙，畫出如下圖的表格。

請注意，我就是這樣發現大豆沒那麼適合我的消化系統。這聽起來很愚蠢，不過，有時候人就是不會注意到不想要的事。因此，當我停下來評估吃下大豆後的當下及一個小時後的感受時，我發現麩質並不是我的消化系統無法處理的唯一食物，大豆也是個問題。

另外，也值得注意身體在不同情況下，對食物如何產生不同反應。每隔幾個月，不妨寫一個禮拜之類的飲食日記，看看目前你對大豆、堅果種子等各種食物的反應如何。

生酮檢測

我剛開始生酮飲食時，想要知道自己是否隨時都處於酮症狀態。我會在早上起床時使用生酮試紙，下班回家後再測一次，晚上睡前又再測一次，看看是否有任何變化。生酮飲食讓我興致勃勃，因此分分秒秒想將它量化。

剛開始的頭幾週確實很好玩，但是，最後看見那條小小的試紙變成身粉紅色的興致已經蕩然無存，我開始仰賴其他跡象來了解身體狀況。

雖然我建議在剛開始的時候進行檢測，不過，實在沒有必要隨時檢測酮體濃度。如果你已經看出成果，感覺也很好，那麼，真的沒道理為此多花錢。不過，檢測不失為判斷碳水與蛋白質耐受度的好方法，甚至還能用來檢視哪些特定食物會讓你脫離酮症。

千萬記住，隨著時間過去，你的身體會變得越來越有效率，酮體的產生會下降。因此，即使你仍處於酮症狀態，但可能不會再像剛開始那樣出現高濃度的數字。這是完全正常的，別因此氣餒！

不論在輕度酮症狀態（產生0.5到1.5mmol/公升酮體），還是較重度的狀態，都算仍處於酮症狀態。

簡單的飲食日記

時間	吃下的食物	我的感受			備註
		進食之前	進食當下	進食1小時後	
早上7點	椰奶咖啡	累，還沒醒	開心，興奮，精力充沛	有點餓	
早上9點半	自製花生醬蛋白棒	有點餓	滿足	精力充沛	
下午1點	豆腐橄欖沙拉	非常餓，有點累	飽，有點想睡	脹氣，不舒服	也許大豆導致脹氣？

「生酮測試條」

如果你屬於任何一個線上生酮團體，或是在社群媒體上追蹤生酮主題標籤，那麼，你很可能已經看過大量尿酮試紙的照片。這些小小的測試工具常被稱為「生酮測試條」，其中一端是試紙，可以偵測尿液中的酮體濃度。你沒看錯，就是要尿在上面。

依照尿液中檢測到的酮體濃度，試紙會逐漸轉為深粉紫色。尿酮試紙並不是最準確的方法，但相對較實惠，而且容易購買，販售糖尿病檢測用品的地方都能買得到，在美國，販售地點包括所有藥局、超市與大賣場。

在剛開始進行生酮飲食時，這些試紙可將你正在經歷的酮症程度多少量化，但是無法真正反應全局。酮體的生成，一整天都在波動，而且可能因為最近的運動或荷爾蒙波動而變動。

務必注意的是，隨著你進入生酮適應期，身體效率也會提高，酮體生成則會減少。因此，若一段時間後，試紙的粉紅色不像之前那麼鮮明，也沒什麼好擔心的。試紙顯示的結果也會取決於水合作用的程度，因此，顯示較高酮體可能是因為身體脫水了。反之，如果你飲用大量的水，可能會顯現極少量甚至零酮體生成。

優點：費用實惠　　　｜　缺點：非最準確的檢測法；可能會因為水合作用程度與生酮適應程度而錯誤判讀

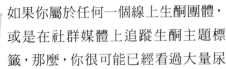

氣酮機

氣酮機是另一種檢測酮體生成的工具，因為酮體除了透過尿液，也會從呼吸排出。氣酮機無法精準判讀當下的酮體生成量，不過，可以判別你是否正處於酮症狀態。

優點：還算準確　　　｜　缺點：價格高昂

血酮機

如果你是熱愛收集數據的人，那麼，血酮機就是追蹤酮體指數的最佳選擇。絕大多數的血酮機也兼具血糖監測的功能，因此可以一機兩用。這類檢測機的缺點，就是試紙所費不貲，每張價格從1到3美元不等。另一個缺點是每次檢測都必須用採血針扎自己，這也是某些人放棄此方法的原因。

但另一方面，血酮檢測相當準確，甚至可幫助你了解到哪些食物會影響你，哪些又會讓你脫離酮症狀態。吃下不確定的食物後，檢測血酮值可得到非常有用的資訊，尤其是進步狀態停滯、想找出罪魁禍首的時候。不過，在每餐後檢測血酮值的開銷相當大，我建議除非感覺真的有必要，否則暫緩。

優點：精確，也可檢測血糖值　　　｜　缺點：昂貴；需要採血

檢查血糖

有些人在生酮飲食期間也會追蹤血糖值。這對可能有糖尿病前期、低血糖或其他新陳代謝疾病者尤其重要。確保每天在相同時間檢測血糖值。注意你是否正在齋戒或是餐後多長時間進行檢測，才能確立一致的模式。早上醒來後的血糖值通常較高，因此等待一個小時左右再檢測，使判讀結果更能表示平常的血糖值。

根據美國糖尿病協會（American Diabetes Association），「正常的」血糖範圍介於80到100mg/dL之間。如果擔心自己的血糖值，請務必諮詢你的醫生。

解讀身體的徵兆

確認是否進入酮症狀態的最後一種方法，就是密切注意身體的感受。一開始，你或許很難辨別這些徵兆，不過，隨著進出酮症狀態的循環次數變多（或許是因為高碳日，或是練習循環式生酮，更多關於以上兩者的概念，請見30和31頁），這些徵兆就會變得越發明顯。

正如之前所說，我在生酮飲食中體會到的最大好處，就是提高對身體的覺察，以及身體努力傳達給我的訊號。偶爾我會出於好奇而檢測自己的酮體指數，不過，我學會依照身體的感受，運用這一節中探討的徵兆，注意自己何時回復酮症狀態。

每個人對酮症的反應不一，不過，這些是我（以及其他許多生酮圈的人）經歷過的常見影響。

口渴的感覺增加

進入酮症狀態時，你可能會注意到的徵兆之一就是比往常更渴。這是由於體內儲存的肝醣需要水份，耗盡這些儲存的肝醣後，身體就會釋放水份，使口渴的感覺增加。你可能會感覺到嘴裡黏黏的，或是單純異常口渴。不過，這種感覺應該不會持續超過一週。請務必注意，口渴感覺急劇增加，可能表示有健康問題。如果你經常喝水，並攝取足夠的電解質（請見41頁），但仍然感到口乾舌燥，請與醫師聯繫。

尿液的變化

雖然可能聽起來很怪異，不過，你應該要好好熟悉一下自己的尿液。尿液改變通常代表身體健康方面有些變化，因此，最好要很清楚平常的尿液狀態。

液體攝取量增加（與口渴感覺增加有關），會自然導致跑洗手間的次數變多。這在剛開始時很正常，而且可能是進入酮症狀態的徵兆呢！

除了排尿頻率增加，你可能還會注意到尿液的其他變化。進入酮症狀態時，身體會透過尿液排泄酮體[61]。排出的酮體會讓尿液看起來閃閃發亮，外觀接近油光。你可能也會注意到尿液的顏色變淺，這是由於液體攝取量增加的緣故。

糞便的變化

一如尿液，糞便也可以是絕佳的健康指標，因此，每隔一段時間快速一瞥，檢查是否有變化，沒什麼不好的。對我來說，低碳水飲食改變了我的排便，從不規律與絞痛，從輪流出現的稀便和便祕，變成規律順暢又無痛的早晨體驗（有時候下午還會加碼）。其他有腸躁症的人也分享了類似的故事，也就是轉為生酮飲食法後，他們的排便也不一樣了。

當然，這並非所有人的體驗。許多人進入酮症狀態時，會注意到一、兩天的便祕或稀便。便祕往往發生在生酮飲食中纖維攝取量較低的人身上。這項副作用在純素與素食者身上似乎並不普遍，因為比起食用肉類的生酮飲食者，這兩者皆食用較大量的高纖食物，像是堅果、種子和蔬菜。

一、兩天的異常排便還在可預期的範圍，若超過這段時間，最好尋求醫療專業人士。

口臭或呼吸有異味

呼氣的時候，酮體會從肺部排出，進入你的口腔與周圍的空氣。因此，進入酮症狀態時，你也許會注意到口中的味道與呼吸氣味的變化。許多人描述他們的口氣帶有些許水果味。

思路更清晰

這是進入酮症狀態時，最模糊也最難定義的徵兆。許多進行生酮飲食的人都經歷過腦霧消失，發現自己的思考變得更清明。此外，也有人注意到感覺變得更敏銳，更警醒。

當然，也有相反的狀況。腦霧是可怕的「酮流感」的症狀（請見下文），不過，並非人人都有此經驗。幸好酮流感只是暫時的，所有腦霧症狀很快就會消失。

腫脹與發炎減少

因為生酮飲食，特別是植物性生酮，是抗發炎的飲食法，你可能會感覺整體的發炎減少了。許多生酮新人驚喜地注意到，進入酮症狀態時，他們都體驗到關節發炎與相關疼痛減輕了。

對我而言，生酮飲食最棒的效果，就是我的關節變得很舒服，而且鬆鬆的，不是指關節沒有受到適當支撐，更像是使用關節時沒有任何阻力。

對抗酮流感

你可能聽過「酮流感」這個名詞，而且或許讓你有點緊張。畢竟這些症狀聽起來不太妙：疲倦、身體疼痛、噁心、腸胃不適、暴躁易怒、腦霧、失眠、頭暈、肌肉痙攣，這些可不是我想要的。

當然，並不是人人都會得酮流感。許多人確實經歷與酮流感有關的毛病，但也有很多人什麼感覺也沒有。因此，也許你永遠不必和上述的任何症狀打交道。然而，如果發

現在開始生酮飲食幾天後，感覺心情有點低落，擔心會出現酮流感，那麼，以下建議應該能夠稍微緩解，直到症狀消失。症狀通常在3到7天內就會減輕，不過，也有些人表示經歷的酮流感持續更久一些。

補充電解質——這正是你需要的

許多酮流感的症狀可歸因於脫水。身體初次進入酮症狀態時，會開始燃燒儲存在肝臟與肌肉中的肝醣。因為肝醣需要一些水份才能儲存，一旦肝醣流失，大量水份也會跟著流失。流失的水不僅會排出廢物，也會排出電解質，後者對人體中的液體平衡、神經信號、肌肉功能都至關重要[62]。

要對抗由電解質失衡所引起的症狀，包括疲倦、肌肉痙攣、頭暈、腹瀉等消化問題，務必確保食用足夠富含礦物質的食物（見22和23頁）。如果感覺需要更多電解質，不妨嘗試一整天飲用下列任一飲品：

- 礦泉水
- 8盎司（240毫升）的水，加入1小匙檸檬汁與1小撮鹽混合
- 花草茶
- 蔬菜高湯

如果你從事運動或是任何會造成大量流汗的活動，攝取額外的電解質就更加重要了。有些人嘗試整天飲用酸黃瓜醃汁，以補充電解質，對活動量較低的人或許有效，但是無法完全補充運動員所需的電解質[63]。

攝取更多脂肪！

有些酮流感的問題可以透過增加電解質攝取來解決，不過，其他問題就和身體正在經歷對糖的渴望有關了。這是我在進入酮症狀態之前的過渡期曾體驗過的「症狀」之一。富含碳水化合物的加工食品的成癮性，就是渴望碳水背後的罪魁禍首[64]。改為以脂肪為主的飲食方式，會引發醣的戒斷反應。

對我來說，最簡單的解決方式，就是多吃富含脂肪的食物，像是酪梨和夏威夷果仁，即使這代表我會超過當日的熱量和/或碳水目標。這確實有效，而且幾天之內，我的胃口就恢復正常，不再滿腦子都想著義大利麵了。這個方法似乎也對其他生酮圈的人有用。

多休息、放輕鬆

壓力和睡眠不足也可能導致酮流感的症狀。對自己好一點，練習好好自我照顧，確保睡眠充足，尤其是第一次轉換過渡到生酮飲食。同樣的，盡量減輕壓力。如果這代表在森林中散步半個小時，那很好。如果只能用手機應用程式冥想兩分鐘，那也很好。

自我照顧並不是把所有的面膜都敷完，躺在瀉鹽浴中，點滿香氛蠟燭，一邊聽銅鑼音樂。我的意思是，這樣也行，但並不是非得如此。自我照顧就是在有時間或精力的時候，做任何愛自己的事。

散步或輕鬆的瑜珈等溫和活動，也能幫助你在面對酮流感症狀時舒服一些。

無壓力開始生酮的小祕訣

節省在廚房的時間

有時候，東省西省出的額外時間，可以讓你的世界大不相同。由於「原始人飲食法」（Paleo diet）的流行，現在許多超市的鮮切區都提供預製的花椰米和櫛瓜麵。有了這些現成的食材，可以減少些許準備一頓正餐的壓力。

購買冷凍蔬菜是另一種省時的方法，因為所有準備工作都已經為你代勞啦！此外，你可以採購大量冷凍蔬菜，能存放好一段時間，還能節省一點錢。

最後，書中包含綜合辛香料、抹醬、醬汁和沙拉醬的食譜，但是，沒有必要為了讓純素生酮飲食成功而全部親自製作。有許多不含糖的市售產品，而且是以優質原料製作。我會多注意針對原始人飲食法市場的品牌，因為原始人飲食法特別強調原料品質。所以，如果真的沒有時間自己做美乃滋（清潔善後才是最難的部分），從店裡買來的美乃滋也很好。

備餐

為我節省最多時間，並且讓我的一週過得更順利的，就是事前備餐，而且我知道不是只有我這麼做。快速搜尋#MealPrepSunday 主題標籤，就能看出有多少人選擇備餐，幫助自己吃得更健康。對我而言，備餐通常代表決定那週要吃什麼，然後用手轉式刨切器切蔬菜，並為這些餐點製作各式各樣配料或醬汁，基本上，也就是稍微需要多一點點時間的差事。我也會準備幾罐「無燕麥隔夜燕麥」（65頁）或簡單奇亞籽布丁（78頁）的乾料，如此一來，趕時間的時候，我就有了便利的早餐選擇。

無視網路陌生人的意見

網路上的人有時候真的很自以為是，尤其在飲食和健身方面。過去幾年，在無數生酮與低碳留言板和社群媒體群組中，我看到許多人興奮地貼出他們的餐點或當日的巨量元素表螢幕截圖，結果卻立刻被多管閒事的評論轟炸，告訴他們這些餐點/巨量元素都是錯的，而且絕對不算生酮。

當然，絕大多數的生酮互助團體並不是這樣，但是，只要一則負面評論就可能毀了你一整天的心情。如果你真的要選擇加入社群媒體上的生酮互助團體，務必找一個健康、正面而且能提供支持的團體。從會員貼文的評論中，應該可以明顯看出該團體的互動。

Facebook社團「Vegan Keto Made Simple」是我在網路上找到的最好的團體之一。該社團由一群能提供許多幫助的優秀人們經營，絕對值得一看。到頭來，你應該要感覺能夠隨意以對自己最適合也最健康的方式來實行生酮飲食。如果生酮社團中有人不喜歡你在果昔中放藍莓，那是他或她的問題，與你無關！

KEEP CALM AND KETO ON 別為小事擔心

你是否不小心多吃了半份杏仁？不確定用了多少沙拉醬？是否因為肚子超餓而忍不住吃了不在餐飲計畫中的脂肪炸彈？別為此有壓力！

不太可能因為你的計畫有個小偏差，就讓破壞整體進度。即使暫時脫離酮症狀態，持續生酮飲食還是會讓你再度回到燃燒脂肪的狀態。

我喜歡將這些狀況視為經驗學習，而不是「挫折」或「失誤」。你今天吃太多碳水嗎？那就記下這些額外的碳水給你的感受，然後把這份紀錄放一邊，直到下次考慮吃一塊蛋糕時，再拿出來看看。

每當你開始因為某些事情而感到壓力時，像是某日超過熱量或碳水目標，或是必須吃到足量蛋白質（或是過量），請記住，保持冷靜，持續生酮。

簡單的食材替換

如果一股腦地栽進生酮飲食法不是你的作風，不必擔心。有時候，開始生酮飲食最簡單的方法，就是選擇你已經很喜歡的料理，然後將其中的高碳水材料換成低碳水的相似食材。例如，可以將最喜歡的咖哩或熱炒中的米換成花椰米，或是將最愛的義大利麵的麵條換成櫛瓜麵。

替換這些高碳水食物，就能試試低碳水和生酮飲食的水溫，而不必徹底改變飲食習慣。逐漸對碳水化合物較少的飲食感到自在後，可以繼續替換食材，去掉餐點中碳水含量較高的食物，看看感覺如何。

你也可以試著每天換掉一頓正餐。例如，早餐可以吃一碗高蛋白「無燕麥燕麥粥」（65頁），取代平常的穀片。然後，下一週就可以把午餐的三明治，換成低碳水沙拉。最後，在第三週時，也可以開始自製生酮晚餐了。

隨身攜帶點心

走到哪都隨身攜帶生酮友善的點心，絕對能夠應急。我喜歡在辦公桌抽屜、車上和包包裡隨時準備不易變質的食物，像是綜合堅果和蛋白棒。如此一來，無論身在何處，我都知道自己有健康的選擇。攜帶低碳水點心可幫助預防餓到無法再等，而那時唯一的選擇只有販賣機的餅乾和椒鹽脆餅。

傾聽身體

我把最重要的祕訣留到最後，那就是注意身體試圖傳達的訊息。我在生酮飲食中體會到的最大益處，就是更了解身體試圖向我傳達的訊息。我學會注意不同的食物如何影響我的感受，然後以此為根據，修改飲食方式。有時候，你可能會感覺需要更多蛋白質或脂肪，或是更多總熱量。聆聽身體的信號，然後調整作出回應，這些是非常重要的。飲食計畫與巨量營養素目標固然是很有用的規範，卻不會考慮族群之間的生物差異，也不會適應日常生活的變化。

我知道我常常這麼說，但是真的要記住，我們都非常不一樣，你的個人需求也可能改變。因此，如果覺得哪裡不對勁，請務必重新審視。

純素生酮飲食怎麼吃

我之前已經說過,而且我還會再次重複:沒有「正確的」生酮飲食法。只要你能處於酮症狀態,那就是在吃生酮飲食。不過,有些準則確實有助於增加生酮飲食的營養密度,也能較容易遵循,尤其是在一開始的調整期間。

優先選擇原型食物

我非常喜歡尋找原型食物,而非加工食品。我說的加工,並不是指發酵、混合、手轉刨切,或是其他在自家廚房就能辦的改變食物的方式。我說的是從實驗室生產出來的食品。

我會盡可能尋找原型食物,因為這些食物通常營養密度更高,而且也比較難吃到過量(至少這是我的經驗)。雖然能透過補充劑獲得維生素和礦物質,不過,證據顯示,原型食物的營養價值總和遠超過組成成分[65]。蔬菜、水果、堅果、種子和豆類含有許多類黃酮與其他有益的植物性化學成分,似乎能夠發揮協同作用,研究顯示,這些化合物單獨存在的效用,不是效果較差,就是完全無效[66]。

此外,雖然蛋白棒與其他包裝零食好吃又方便,如果太常為這類放縱口腹之慾,也許會降低進入酮症狀態的機會。許多這類食物含有甜味劑,食用過量可能會使你脫離酮症狀態。眾多生酮飲食者已經注意到,蛋白棒中所謂的低碳水甜味劑確實會影響某些人的血糖。因此,也許蛋白棒宣稱只有3公克淨碳水,但實際上或許並非如此。

80/20原則

說到弄清楚每天吃什麼這件事,我發現「80/20原則」真的很有幫助。這項原則是建議至少80%的食物選擇必須來自原型食物,剩下的20%則較偏向「便利食物」。以2000大卡的飲食來說,這表示約1600大卡來自原型食物,其餘400大卡來自蛋白棒和蛋白粉、素肉等加工食品,以及酒精飲料等「療癒美食」。我也將生酮烘焙食物與甜點放在這個類別。

與其說這是硬性規則,倒不如說是一種引導你決定食物的方法。當然,你不需要將那20%算進去,但這不失為一個不錯的準則。

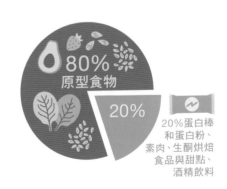

80%
原型食物

20%

20%蛋白棒
和蛋白粉、
素肉、生酮烘焙
食品與甜點、
酒精飲料

哪些食物是生酮飲食的禁忌？

　　我之前提過這一點，不過，我認為這是非常重要的論點：生酮飲食中沒有「禁忌的」食物。生酮飲食是由各種提供身體能量、並且使你保持在酮症狀態的食物所構成。對絕大多數的人而言，這代表要避免澱粉和穀類，以及汽水與含糖食物，因為這些食物的碳水化合物含量極高，很難在不脫離酮症狀態的情況下食用。

　　許多人也選擇不食用豆類或水果，因為碳水化合物的含量較高。然而，這並不表示豆類和水果就不被「允許」。只要你吃這些食物的份量夠少，能夠保持酮症狀態，那麼，這些食物就非常適合生酮飲食。我知道許多生酮飲食者會將中東鷹嘴豆泥算進每日碳水化合物攝入量，因為實在美味到值得這麼做。

要避免的成分

除了檢查食物營養標示上的巨量營養素，查看成分也有幫助。身為純素飲食者，我們已經很習慣查看成分標示，檢查是否有隱藏的蛋奶成分，不過，在尋找生酮友善的食物時，還要特別注意其他幾種成分：

· 氫化油：這些油含有反式脂肪，有時候會出現在純素乳製品替代物和堅果醬中。

· 三氯蔗糖、阿斯巴甜、糖精與其他人工甜味劑：有些人注意到人工甜味劑會導致減重停滯，甚至使他們脫離酮症狀態。

· 麥芽糖醇：這種糖醇會導致腸胃不適，還會讓血糖升高。

· 添加糖：大部分植物性食物（甚至菠菜）都含有一些天然糖份，不過，添加糖很容易避開。檢查營養標示上的「添加糖」，注意所有以-ose結尾的成分。有些人在生酮飲食期間吃下少量添加糖也沒問題，但也有些人發現即使只有幾公克的糖，也會害他們脫離酮症狀態。蜂蜜、楓糖漿、龍舌蘭花蜜也都應該避免。

我的五大純素生酮「超級食物」

我知道，「超級食物」一詞常常滿天飛，不過，我認為有些食物不只在純素生酮飲食中善盡其職，因此應該得到專屬的介紹。我幾乎每天都會吃一份這些食物，而且我認為它們是不可或缺的。

酪梨

提到酪梨感覺太老掉牙了，因為酪梨簡直是純素飲食和生酮飲食的象徵。不過，這是有原因的。酪梨富含維生素和礦物質，包括大量的鉀和難以捉摸的B5。酪梨也非常美味，尤其是撒上大麻籽和營養酵母，或是綜合貝果調味料（174頁）。

本書的食譜中，我使用中等大小的哈斯酪梨（Hasss avocado），可食用部分的重量約5盎司（140公克）。

冷凍菠菜

沒錯，就是冷凍菠菜。菠菜是維生素A、C、K，以及錳、鐵、葉酸、鉀和鈣的絕佳來源。冷凍菠菜真的超棒，因為價格實惠，完全不需要準備工作就能直接料理，而且營養密度超高。我的冷凍庫裡常備著幾袋菠菜（也有青花菜和白花椰菜），這樣一來，我只要花少少力氣，就能在蔬果昔與晚餐中加入更多蔬菜。

去殼大麻籽

關於大麻籽，再多讚美都不嫌多。

一份（3大匙/30公克）含有10公克蛋白質，而且淨碳水只有1公克。這些種子還含有豐富的omega-3和omega-6，也能提供大量的錳、鉀、鋅。我會將大麻籽作為許多醬汁的基底，這些醬汁通常使用腰果等碳水較高的堅果，我也會將大麻籽加入果昔、撒在沙拉和優格上。

營養酵母

營養酵母能賦予食物「乳酪般」的風味。僅僅2大匙（10公克）就含有8公克蛋白質，以及大量維生素B群，只有1公克淨碳水（但是不同品牌的碳水量可能不同）。

通常我會把營養酵母加入較濃郁的醬汁中，也會撒在烤蔬菜、切片酪梨，以及所有義大利麵狀的食物上。

德式酸菜

我超愛發酵食物，尤其是德式酸菜這類乳酸發酵*的食物。德式酸菜不僅富含包心菜中的硫化物，發酵過程中更有效地消耗掉包心菜原有的碳水化合物（太棒了！）

研究證明發酵食物對健康有許多益處[67]，從促進消化、減少發炎[68]，到改善心理健康與情緒[69]。新興研究更顯示，某些乳酸菌株甚至會生成維生素B，是發酵過程的副產品[70]。

我會在沙發中加入德式酸菜，不過，也會放在任何食物上。

---

*此處的「乳酸」意指乳酸桿菌（Lactobacillus）菌株，和乳製品毫無關係！

純素生酮採購清單

有一個對生酮的普遍誤解，那就是生酮是一種過度嚴苛而且變化極少的飲食法，我現在要破除這個迷思。從這兩頁的內容可以發現，生酮飲食包羅萬象，涵蓋各式各樣的蔬菜、堅果、種子，甚至還有豆類與水果。

 脂肪

堅果：

杏仁 Ⓟ

巴西堅果

腰果 Ⓒ

榛果（又稱榛子）

夏威夷果仁

花生（我知道嚴格來說這算豆類……）

胡桃

松子 Ⓒ

開心果 Ⓒ

核桃

種子：

奇亞籽

亞麻籽

大麻籽 Ⓟ

南瓜籽 Ⓟ

印加果種子 Ⓟ

葵花籽 Ⓟ

其他原型食物的脂肪來源：

酪梨

椰子

橄欖

堅果與種籽醬：

杏仁醬 Ⓟ

椰子醬

榛果醬

夏威夷果仁醬

花生醬 Ⓟ

胡桃醬

葵花籽醬

中東芝麻醬

核桃醬

＊務必選擇無甜味劑的堅果與種籽醬！

健康的油品：

杏仁油

酪梨油

可可油（非常適合身體保養與甜點）

椰子油

冷壓初榨橄欖油

亞麻籽油（須放冰箱，不適合料理）

榛果油

夏威夷果仁油

MCT油（中鏈脂肪酸油，可加入果昔、咖啡等）

核桃油

農產品

低碳水植物：

朝鮮薊芯

芝麻葉

蘆筍

甜菜葉 Ⓒ

彩椒（青椒的碳水量最低）

青江菜

青花菜

芥蘭菜

球芽甘藍 Ⓒ

包心菜

胡蘿蔔

白花椰菜

西洋芹根 Ⓒ

西洋芹

莙蓬菜

寬葉羽衣甘藍

黃瓜

白蘿蔔

蒲公英葉

苦苣

茴香

蕨菜（蕨類嫩葉，例如過貓，春季短暫生產）

大蒜

豆薯 Ⓒ

羽衣甘藍 Ⓒ

結頭菜/球莖甘藍

萵苣（全種類）

微型菜苗

蕈菇

芥菜

秋葵

洋蔥 Ⓒ

防風草根 Ⓒ

櫻桃蘿蔔

大黃

蕪菁甘藍 Ⓒ

紅蔥頭

菠菜

芽菜（全種類）

夏南瓜

冬南瓜（奶油南瓜、金瓜、金線瓜） Ⓒ

瑞士彩虹甜菜

蕪菁

櫛瓜

低碳水水果：

酪梨

藍莓 Ⓒ

椰子

小紅莓（新鮮或冷凍，不要果乾）

檸檬

青檸

橄欖

覆盆子

草莓

番茄

西瓜 Ⓒ

廚櫃必備

杏仁粉 Ⓟ
（註：製作甜點用的杏仁粉，而非沖泡杏仁茶的杏仁粉）

朝鮮薊芯

泡打粉

小蘇打粉

可可豆或可可粉

椰子粉

椰奶（全脂罐頭裝）

黑巧克力（可可脂含量85%以上的巧克力通常含糖量極低，但還是要檢查標示）

香料與香精（記得檢查是否有添加糖）

棕櫚芯

菠蘿蜜（新鮮果肉或鹽水罐頭）

海藻片

海藻麵

羽扇豆（鹽水罐裝） Ⓟ

海苔

營養酵母 Ⓟ

洋車前子殼（完整外殼比粉狀的更適合烘焙）

調味料與辛香料（記得檢查是否有添加糖或澱粉）

海藻零食

香草精（記得檢查是否有添加糖）

🌡 **冷藏室必備**

辣椒醬或美式辣醬

無奶乳酪替代品 Ⓒ

無奶優格（無糖） Ⓒ

毛豆 Ⓟ

芥末

醃黃瓜（蒔蘿口味或其他無糖種類）

德式酸菜或純素韓泡菜

麵筋 Ⓒ Ⓟ （如果可耐受麩質）

蒟蒻麵

溜醬油或椰子胺基醬油

天貝 Ⓟ

豆腐 Ⓟ

番茄紅醬（記得檢查是否有添加糖）

醋：蘋果酒醋、巴薩米克醋、米醋、白酒醋

山葵泥（記得檢查是否有隱藏的糖或地粉）

🍹 **蔬果昔配料**

餘甘子粉/印度醋栗 Ⓒ

甜菜根粉 Ⓒ

小球藻

辣木

蕈菇類萃取物（尤其是靈芝、猴頭菇、雲芝、御靈菇、冬蟲夏草）

螺旋藻

薑黃粉

❄ **冷凍庫必備**

冷凍莓果

冷凍蔬菜（上一頁的任何低碳水蔬菜皆可）

素肉：
· 未來肉（Beyond Meat）產品
· Gardein的部分產品（請見下方備註）
· Quorn的部份產品（請見下方備註）

花椰米

Halo Top無奶甜點 Ⓒ

Wink冷凍甜點（Wink Frozen Dessert）

🈲**備註** 部分Gardein和Quorn的產品為純素低碳製品，但是裹粉或有醬汁產品，光是一份就含有一天份的碳水化合物！此外，許多Quorn的產品也含有蛋。

🔋 **純素生酮蛋白粉＆蛋白棒**

Garden of Life品牌的Raw蛋白粉

Julian Bakery的Pegan蛋白棒

NuGo Slim純素蛋白棒 Ⓒ

大麻籽蛋白粉

豌豆蛋白粉

大豆蛋白粉

Raw Re Glo蛋白棒 Ⓒ

Sunwarrior品牌的Classi Plus蛋白粉

Sunwarrior品牌的Warrior Blend蛋白粉

Vega品牌的Clean Protein蛋白粉

Vega品牌的Sport Protein蛋白粉

採購清單備註

· 標註Ⓒ 的食物代表碳水（carbs）含量略高，須謹慎攝取。

· 標註Ⓟ的食物代表理想的蛋白質來源。

· 別忘了閱讀選購食物上的標示，尤其是植物奶、無奶乳酪、優格和素肉等加工食品。

· 即使不在這份清單上的食物，也不代表不能在生酮飲食期間食用，記得確認碳水總量即可！

· 你可以在52到55頁的「特殊食材」段落中讀到更多部分食材的細節。

工具&設備

雖然料理純素生酮飲食的食物不一定需要特殊工具,不過,有幾樣東西可幫助廚房人生變得更精簡。

假設你已經有了基本的廚房工具,例如砧板、量匙、尺寸不一的鍋碗瓢盆,這份清單只是建議一些能使純素生酮料理更輕鬆的工具。

鋒利的刀具

如果打算進行大量料理,確保你的刀具夠鋒利。擁有一把真正的主廚刀,可以讓備餐時間縮短一半。使用鋒利的刀也比鈍刀更安全!

曼陀林蔬果切片器

如果只能推薦一項廚房工具,那絕對是有數種不同刀片的曼陀林蔬果切片器(Mandoline Slicer)。對於不熟悉這件工具的人,曼陀林切片器可幫助你快速均勻地將蔬菜刨片和刨絲。有些款式甚至還有網格和「切薯條」的設定呢。這類工具相當便宜(我的不到10塊美金),而且絕對可以幫你在廚房節省時間。

手轉式刨切器

如果你發現自己三不五時就會製作蔬菜麵,那麼,手轉式刨切器絕對可以省下大把時間。手轉式刨切器的種類,從大型以手轉動把手的桌上型刨絲刀,到價格實惠而且能收納在抽屜中的小型手持款皆有。我有一個小型刨切器,清潔不費力,而且想要製作櫛瓜白醬寬麵(150頁)時相當方便。

料理秤

如果你一直在考慮投資一台料理秤,我絕對舉雙手贊成。將食物過秤不僅可讓份量更準確,還能提升烘焙的成功率。食材的體積可能會因為測量方式而改變,不過,100公克的椰子粉,重量永遠是100公克。我比較喜歡秤重堅果粉、蛋白粉、可可粉、洋車前子殼、磨碎堅果和種籽,因為這些食材容易結塊或沉澱,很難精確測量體積。

果汁機

大約5年前,我在折扣期間以6折購入一台高功率果汁機(怎麼能不買?),從此改變了我的一生。我用這台果汁機製作幾乎所有食物,從堅果醬、湯、醬汁,到冰淇淋。幾乎沒有一天是不打開果汁機攪打些什麼。

如果無法使用高功率果汁機,一般果汁機仍是非常有用的工具。本書中大部分需要果汁機的食譜,其實也可以使用普通果汁機,不過,中東羽扇豆泥(93頁)和生酮酥皮派(138頁)確實需要高功率果汁機才能攪打至完全滑順。

食物調理機

如果你還沒準備好大步邁出，購買高功率果汁機，那麼，我絕對推薦購買一台容量至少2杯（約500毫升）的食物調理機。有了食物調理機，製作堅果粉和醬，以及切碎任何食材都輕鬆多了。

壓蒜器

通常我相當反對在廚房塞滿單一功能的廚具。壓蒜器除了壓碎大蒜，根本沒有其他功能。我真的很討厭拍扁大蒜並將之切成蒜末，不過，壓蒜器的實用性還是很值得佔用抽屜的空間。

品質優良的刨刀也可以取代壓蒜器。雖然比較費時，但清洗較不花時間。

刨刀

細齒刨刀（例如Microplane品牌）對於磨薑泥及柑橘果皮刨絲非常有用，甚至可以取代壓蒜器。

柑橘榨汁器

這又是一件只有單一功能的廚具，不過，在沙拉醬、醬汁和麵糊中打撈沒完沒了的檸檬籽後，我終於投降了，花了4塊美金購入個柑橘榨汁器。我指的不是擺在廚房工作台上的巨大柑橘榨汁機，而是玻璃或塑膠製的小巧工具，可以放在杯子或碗上，承接擠柑橘汁時掉出來的種籽。如果檸檬汁的用量很大，那麼，這件小工具絕對值得入手。

磨豆機或香料研磨機

即使不自己磨咖啡豆，你也會發現咖啡磨豆機或香料研磨機其實用途多多。磨豆機非常適合研磨亞麻籽、市售的完整辛香料（例如小荳蔻）與顆粒狀甜味劑，更適合需要粉狀食材的食譜。

特殊食材

對於本書中的食譜,我想要使用到處都能買到的食材。準備食譜時,卻發現其中一項關鍵食材只能在保健食品店或網路上買到,這可一點也不好玩。所以這些食譜用到的食材,全都購買自我家附近的超市,既不是保健食品店,也不是專門的純素網站,而是很普通的超市。

用於這些食譜中的食材,有些是特定種類,有些則比較不常見(尤其是如果你剛接觸純素或生酮飲食,或兩者皆是),因此,我認為應該為讀者提供更多這類食材的資訊。

堅果和種籽醬

我使用的杏仁醬和花生醬呈乳霜狀,含鹽無糖,通常標示為「純天然」。最優選擇是只含堅果和鹽,沒有添加油類或甜味劑。通常需要稍微攪拌,把油脂重新混入膏狀堅果醬。

我使用大量堅果醬和種籽醬,放在室溫保存,隨時都能拿來料理。如果你想把堅果醬和種籽醬冷藏保存,務必量取食譜所需的份量,使用前置於室溫回溫。

椰奶

你會在這些食譜中發現兩種不同的椰奶,分別是全脂罐裝椰奶和無糖椰奶。這個差別對於成功製作食譜與精準追蹤巨量營養素非常重要!

全脂罐裝椰奶質地稠密濃郁,而且是(當然是)罐裝的。大部分的超市會將此商品陳列在以下兩個地方:與其他室溫包裝的植物奶放在一起,以及泰式食品區。務必購買全脂版本,而不是減脂的「輕盈版」罐裝椰奶,因為後者的脂肪含量較低,質地較偏液態,在許多食譜中的用途並不一樣。

無糖椰奶質地較稀,用途較像杏仁奶、豆漿,及其他紙盒和紙箱包裝的植物奶。通常超市會將無糖椰奶放在以下兩個地方:乳製品冷藏區,以及常溫食品區,通常在早餐穀類的走道區。市面上有許多品牌可供選擇,有些品牌甚至提供香草和巧克力口味呢。

椰子油
除了極少數例外，我使用未精煉的冷壓椰子油做菜和烘焙。椰子油來自果實的第一道壓榨，營養和植物性化學物質含量比精煉過的椰子油更多。未精煉的椰子油帶點椰子香氣，因此，如果你不希望在食物中嚐到椰子味，或許精煉椰子油會是比較好的選擇。除了營養含量和味道，是否經過精煉，並不影響椰子油的質地或任何其他方面。

蒜泥
本書中有許多食譜都需要用到蒜泥。我會使用壓蒜器或Microplane刨刀，不過，你也可以用刀子和砧板達到一樣效果：切大蒜時，撒少許鹽（以增加磨擦），然後用刀鋒側面緊壓蒜泥在砧板上移動。再將蒜泥刮下，整理成堆，重複切碎和拖壓的動作，直到整體變成泥狀。

研磨亞麻籽
雖然可以買到已經磨好的亞麻籽，我還是比較喜歡購買完整的亞麻籽，然後依照每份食譜的用量現磨。這樣可以讓種籽保鮮較久。

顆粒狀甜味劑
本書中的許多食譜都會用到顆粒狀甜味劑。我會找以赤藻醣醇製作的品牌，這種糖醇在料理和烘焙中都與糖極為相似。市面上有眾多品牌，我試用過而且效果很好的品牌是Lakanto、Swerve、Sunkrin。你會發現所有甜味劑都是赤藻糖醇混合物，而不是純赤藻糖醇。如果在改變糖為主的食譜，將它轉變為生酮友善食譜，我發現使用等量的顆粒狀甜味劑會有點過甜。通常我會把非生酮食譜中的甜味劑份量減少至1/3到1/2。

有些食譜使用粉狀甜味劑，比顆粒狀甜味劑的效果更佳，糖霜就是很好的例子。這些情況下，我會自己製作粉狀甜味劑，只要將顆粒狀甜味劑放入磨豆機或辛香料研磨機即可。使用後，務必徹底清潔磨豆機，除非你不介意咖啡甜得要命。相信我，木糖醇甜味劑在食譜中的效果也很好，但通常較不容易消化。此外，木糖醇對寵物的毒性極強，務必將任何含有木糖醇的烘配食品遠離你的毛小孩！

去殼大麻籽
大部分在超市中販售的大麻籽都已經去殼了，不過，最好還是檢查包裝確認。去殼大麻籽又稱「大麻籽芯」。

菠蘿蜜

菠蘿蜜是一種很有意思的食物，可以有效模仿肉的質地，通常是用來取代傳統食譜中的雞肉或手撕豬肉，以製作純素版本。例如你會在我的生酮酥皮派（138頁）和水牛城辣菠蘿蜜塔可餅（151頁）見到這項食材。菠蘿蜜（Jackfruit）的英文名稱，顧名思義，是一種水果，生長在熱帶氣候區的低地，是南亞和東南亞料理中的常見食材。成熟果實中的碳水和糖分極高，不過，尚未成熟的青菠蘿蜜卻很適合生酮飲食。購買時，請確認是未成熟的果肉，浸漬在鹽水中；成熟的菠蘿蜜通常會浸泡糖水。大部分超市的進口食品貨架上都可見到青菠蘿蜜鹽水罐頭，包括Trader Joe's等連鎖超市。有些品牌甚至開始生產調味包裝的菠蘿蜜，可以直接加入餐點中食用。切記要檢查包裝背後的碳水量！

甜菊糖液

除了赤藻糖醇製的顆粒甜味劑，有時候，我也會在食譜中使用甜菊糖液。市面上的品牌琳瑯滿目，通常我會買Whole Food Market或Trader Joe's的超市自有品牌。

有些人比較喜歡甜菊粉，因為其中的成分較少（而且通常是純萃取物），不過，我個人偏愛甜菊糖液，比較不會因為結塊而造成極不愉快的品嚐經驗。每次使用甜菊糖液時，只需幾滴就能增添甜味，這也是我喜歡液態形式的原因。太多甜菊糖液會讓食物變苦，因此，最好先加入少於需要的份量，然後少量多次添加。

羽扇豆

羽扇豆（lupini beans）在英文中又稱「lupins」，在古埃及墓穴中就有發現這種豆子，如今在地中海與拉丁美洲最常被食用。羽扇豆的碳水量相當低，以豆類來說尤其如此，而且含有大量的離胺酸。

羽扇豆如果沒有在鹽水中徹底浸泡幾天，會帶有強烈苦味。因此，我偏好購買浸漬鹽水的羽扇豆。在販售拉丁美洲和義大利食物的大部分超市中，都能買到玻璃罐裝的鹽水羽扇豆。順帶一提：羽扇豆和花生會產生某種交叉反應，對花生過敏的人，最好避免羽扇豆。

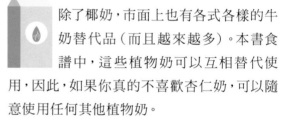

植物奶

除了椰奶，市面上也有各式各樣的牛奶替代品（而且越來越多）。本書食譜中，這些植物奶可以互相替代使用，因此，如果你真的不喜歡杏仁奶，可以隨意使用任何其他植物奶。

通常超市將植物奶放在以下兩個商品區：冷藏乳製品區，以及早餐穀片附近的常溫包裝食品區。務必購買不加糖的種類，因為加糖版本通常糖含量相當高。

我非常喜歡而且經常使用豌豆奶，因為每杯提供的蛋白質遠超過大部分植物奶。Ripple是我常買的品牌，位於冷藏乳製品區。

堅果粉和種籽粉

堅果粉和種籽粉是許多生酮烘焙食品的關鍵食材。我喜歡自己製作，比較省錢。自製堅果粉或種籽粉非常簡單，只要將堅果或種籽放進食物調理機或高功率果汁機，打碎至沙子般的質地即可。至於帶皮的堅果，像是杏仁或榛果，不妨使用燙過去皮的堅果，可使堅果粉更美觀，質地更細緻。

許多堅果粉可互相替換，例如在烘焙食品中，可以用榛果粉、腰果粉或夏威夷果仁粉來取代杏仁粉。如果你不吃堅果，不妨使用磨碎的種籽（如葵花籽或南瓜籽）取代。

自製堅果粉和種籽粉要放入密封容器中冷藏，可保存兩週。更多關於如何自製堅果粉與種籽粉，請見176頁。

橄欖油

我購買冷壓初榨橄欖油，用於料理。這是壓榨橄欖時的第一道油，含有最多營養素與植物性化學物質。

選擇裝在深色瓶子裡的橄欖油，務必存放在常溫的陰涼乾燥處，以防止氧化。

豌豆蛋白粉與其他蛋白粉

本書的幾道食譜中，我使用豌豆蛋白粉。我很喜歡豌豆蛋白粉，因為含有大量離胺酸（離胺酸的詳細解釋請見17頁），而且通常不像大豆和米蛋白粉有致敏問題。如果你沒辦法食用豌豆蛋白粉，可以隨意選擇其他純素蛋白粉代替。對於烘焙食品，大麻籽蛋白粉是絕佳的豌豆蛋白粉替代品。至於蔬果昔和其他點心，可以使用任何喜歡的純素蛋白粉。市面上有許多不同品牌的純素蛋白粉與混合式蛋白粉，碳水化合物含量都很低，但別忘了查看標示！

保健食品店和許多網路零售商店，以及一般超市，都能找到蛋白粉。

鹽

遵循生酮飲食的人，通常比其他族群需要更多礦物質，因此，我建議使用精製程度較低的鹽，如凱爾特海鹽或喜瑪拉亞粉紅鹽岩，皆含有微量礦物質。除非在食譜中特別註明，否則我使用的皆為磨細的鹽。

溜醬油

溜醬油其實就是無麩質醬油。我喜歡買低鈉版本，鈉含量比一般溜醬油少了三分之一。如果你無法食用大豆，本書中的所有食譜都可以用椰子胺基醬油來代替。

天貝

天貝是以發酵大豆製成的，質地比豆腐硬實許多。大部分超市中都能見到各式各樣的天貝，通常和豆腐一起放在農產品區。天貝有時也會以其他食材製成，像是亞麻籽、藜麥和穀類，務必查看營養標示上的碳水含量。

如何使用本書中的食譜

一如大部分的讀者，我並不是專業主廚。因此，所有這些食譜都是為了普通人的普通廚房而設計的。我也討厭洗碗（而且沒有洗碗機），所以我盡量在備餐時不要使用太多非必要的鍋碗瓢盆。

我知道讀者們並不是每天都能在廚房耗上大把時間，我提供許多快速簡易的食譜，可以在15分鐘內完成。當然啦，也有需要比較多步驟和鍋子的食譜，因為我很喜歡在廚房中料理和實驗，而且我知道許多人也和我一樣。

你們會注意到有些食譜上方帶有一些圖樣標識。這些圖樣標識代表該食譜不含某些過敏原：

- ・不含椰子
- ・不含堅果
- ・不含花生
- ・不含大豆

由於書中所有食譜都不含奶蛋、無麩質和小麥，因此沒有這些食物的圖樣。

我也提供每道食譜的營養資訊，計算方式只取基本食譜，不包含選擇性食材。我從美國農業部國家營養資料庫收集食材資訊，不過，少數特定食材並沒有可用的數據。雖然我盡可能力求精確，不過，食營養資訊可能因食物的種類和品牌而異，因此你的計算也可能有些許出入。

食譜中還提供保存與重新加熱的說明，讓生活更輕鬆。

計量食材

本書中的所有食譜，只要份量為2大匙或以上，都會標明公制重量或容積值。

我經常用料理秤來秤重食材，也常使用量杯或量匙等容器來測量，我會從容器中挖取食材，然後用刀背將多餘食材刮平。因此，除非特別註明，否則測量都不是「高」或尖杯、尖匙。

我在工具章節提過料理秤，我認為這工具非常重要，再度提出也不為過。不使用奶油、蛋、牛奶、糖或傳統麵粉烘焙會相當棘手，確實秤重食材至少可以幫助你去除一項變因。食材的體積會依照測量方式而有所不同，椰子粉和洋車前子殼這類食材，即使只有些微差異，也會大大左右成品。料理秤不會太貴，可確實幫助食譜的結果維持穩定。

製作替代品

我知道許多讀者不吃堅果、大豆，或是對奶蛋、麩質（食譜中皆不使用）與更多食材敏感或過敏。好消息是，絕大部分替代品都相當簡單：

 磨碎的亞麻籽和奇亞籽可彼此取代。

 許多食譜中的大麻籽可改用葵花籽或南瓜籽。

 可用葵花籽取代堅果（例如「核桃肉」和杏仁粉）。

 溜醬油可用椰子胺基醬油代替。

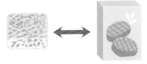 天貝和豆腐可用無大豆素肉取代。

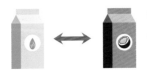 杏仁奶可用椰奶或無堅果植物奶代替。

注意

食譜中標示的過敏原圖樣標識，是基於優先列出的食材選擇。許多情況下，可以使用次要列出的食材，製作無椰子、無堅果、無花生或無大豆的版本，以滿足你的飲食需求。例如需要溜醬油或椰子胺基醬油的食譜，會標註不含椰子的圖樣標識。如果你不吃大豆，但是可以吃椰子，只要換成椰子胺基將由即可。

一定要全部從頭動手做嗎？

你會注意到本書的食譜，從醬汁、抹醬和調味料都能在店裡買到。自製版本的營養密度當然比較高，不過，使用現成品節省時間也沒有什麼不好的。別忘了檢查標示中是否有隱藏的碳水化合物。

早餐

椰子粉方格鬆餅

方格鬆餅絕對是我的荒島食物首選，百吃不膩。這些方格鬆餅讓我感覺更幸福，因為不含麩質和堅果。剛出爐的方格鬆餅真的非常美味，如果隔天想要加熱剩下的鬆餅，這些烤過之後也很好吃。

軟化椰子油2大匙（28公克），另備份量外鬆餅機防沾用

顆粒狀甜味劑1大匙

椰子粉28公克

洋車前子殼1大匙

泡打粉1/2小匙

鹽1小撮

無糖椰奶或任一種植物奶120毫升

香草精1小匙

建議配料：

椰子鮮奶油（見162頁，備註）

新鮮覆盆子、草莓、黑莓

肉桂粉或可可粉

生酮奶油抹醬（187頁）或任一純素奶油替代品

份量：4個迷你方格鬆餅，2個正常尺寸方格鬆餅，或1個比利時方格鬆餅（2份）　準備時間：10分鐘　烹調時間：5至20分鐘

· 依照說明書指示，預熱方格鬆餅機。務必在鬆餅夾上塗椰子油，防止方格鬆餅沾黏！

· 取一個小調理盆，放入椰子油和甜味劑，以湯匙攪打至滑順蓬鬆。

· 另取一個小調理盆，放入椰子粉、洋車前子殼、泡打粉和鹽攪拌均勻。將乾料加入打發的甜味椰子油，用叉子將整體壓拌至濕沙質地狀。

· 倒入椰奶和香草精，攪拌至較大的結塊消失。靜置3到5分鐘，直到混料完全吸收椰奶，然後再度攪拌，以消除其餘結塊。混料不會完全滑順，因為椰子粉本身帶有些許粗糙質地，而且整體較稠，比較接近麵糰而非麵糊。

· 將麵糰分成2等份，製作2個正常尺寸的方格鬆餅；或4等份，以製作4個迷你方格鬆餅。若使用比利時方格鬆餅機，讓麵團維持一整份，製作一片大份方格鬆餅。

· 麵糰滾成球形後，放在鬆餅夾中央。熱壓約5分鐘，直到整體呈深金色。

· 從鬆餅機小心取下鬆餅。我喜歡（小心地）用筷子戳進鬆餅底部輕輕搖晃，使其略為鬆脫，然後用兩根叉子架起。

· 其餘麵糰重複上述步驟。

· 放上喜愛的配料，即可享用。

營養資訊（不含配料）：220大卡 | 脂肪17.9公克 | 蛋白質2.4公克 | 總碳水16.7公克 | 淨碳水3.9公克

保存 放入密封盒，可冷藏保存3天，冷凍保存1個月。

重新加熱 將方格鬆餅放進預熱至150℃的烤箱，加熱5分鐘，或是達到想要的溫度。喜歡香脆鬆餅的話，放入預熱至177℃的烤箱，加熱5分鐘。

菠菜橄欖迷你鹹派杯

這些無塔皮迷你鹹派固然是絕佳的早餐,但沒道理不能在午餐或晚餐時享用!豆腐在此處的效果很好,帶來類似雞蛋的口感,同時為餐點增添些許蛋白質。週末較有空準備早餐時,我會快速完成鹹派杯,搭配香腸風早餐肉餅(64頁),搭配切片酪梨享用。這道食譜使用卡拉瑪塔(Kalamata)橄欖,不過,嘗試其他種類的橄欖也很有意思。許多超市的義式開胃菜櫃通常有多種不同類型的橄欖,常浸泡在有趣的醃漬汁中。只要變化橄欖,就能真正改變這道料理的風味。

板豆腐397公克

營養酵母30公克

冷壓初榨橄欖油2大匙(30毫升)
＋份量外鍋具防沾用

水2大匙(30毫升)

大蒜末1小匙

洋蔥粉1/2小匙

現磨黑胡椒1/4小匙

鹽1/2小匙

泡打粉1小匙

去核卡拉瑪塔橄欖112公克,切碎

切碎的新鮮菠菜90公克,或90公克解凍的冷凍菠菜

青蔥切片(僅取綠色部分),搭配用(非必要)

份量:8個迷你鹹派(一份2個)
準備時間:10分鐘,外加至少10分鐘冷卻　烹調時間:45分鐘

· 烤箱預熱至177℃,在8個標準瑪芬模內塗橄欖油防沾。

· 取食物調理機或果汁機,放入豆腐、營養酵母、橄欖油、水、辛香料、鹽、泡打粉,攪打至整體呈滑順的中東豆泥質地。

· 豆腐混料倒入中型調理盆,拌入橄欖和菠菜,務必弄散大團結塊的菠菜,使餡料均勻分布。

· 瑪芬模填裝至7分滿。烘烤45分鐘,直到鹹派邊緣轉為淡金色,頂部形成薄薄脆皮。

· 鹹派取出烤箱,靜置在模具中冷卻至少10分鐘,讓鹹派有時間定型。冷卻後應該就可輕鬆滑出烤模。(注意:最簡單的脫模方式,就是將冷卻網架貼緊瑪芬烤模,然後小心地倒扣。拿起烤模時,鹹派應該會留在冷卻網架上。)

· 溫熱或室溫食用皆宜。也可依喜好搭配青蔥片。

保存 放入密封盒,可冷藏保存3天,冷凍保存1個月。

重新加熱 雖然剩下的鹹派冷了也很美味,不過,還是可以放入預熱至150℃的烤箱,加熱10分鐘,或是達到想要的溫度。

營養資訊:277大卡│脂肪19.7公克│蛋白質17.3公克│總碳水10.1公克│淨碳水3.6公克

香腸風早餐肉餅

我超級喜歡鹹味早餐和早午餐。瑪芬、方格鬆餅和蔬果昔確實很不錯，不過，有時候就是想吃些比較不甜的東西。我最愛的享用方式，是將香腸風肉餅夾入中東芝麻醬貝果（80頁），搭配芝麻葉和德式酸菜，做成純素生酮版的早餐三明治。

生核桃120公克
磨碎的亞麻籽56公克
蔬菜高湯120毫升
香腸綜合香料2小匙（172頁）

份量：8個肉餅（一份2個）
準備時間：10分鐘（不含製作混合香料的時間）　烹調時間：25分鐘

· 烤箱預熱至177℃，有邊烤盤鋪烘焙紙。

· 取一小調理盆，放入所有食材，攪拌至混合均勻。靜置5分鐘，直到形成厚實黏稠的麵糰。

· 麵糰分成8等份，然後將每份整理成直徑8公分的圓形肉餅。

· 肉餅放上鋪烘焙紙的烤盤，烘烤25分鐘，直到觸感變得紮實。溫熱食用。

保存 放入密封盒，可冷藏保存3天，冷凍保存可達1個月。

重新加熱 肉餅放入預熱至150℃的烤箱，加熱10分鐘，或是達到想要的溫度。

營養資訊：275大卡 | 脂肪25.5公克 | 蛋白質7.3公克 | 總碳水9.2公克 | 淨碳水3.2公克

高蛋白「無燕麥燕麥粥」

如果當天有重要的行程，一碗豐盛的無燕麥燕麥粥就是首選。其中富含脂肪和蛋白質，能讓我飽腹好一陣子。如果接下來的一週特別忙碌，我會事先準備幾罐乾料，然後逐日加入所需的液體食材，製成「無燕麥燕麥粥」（見下方的變化版本）。我喜歡放上南瓜籽、椰子優格，有時甚至會放些莓果。

無糖椰奶或任意的植物奶180公克

去殼大麻籽40公克

磨碎亞麻籽2大匙（14公克）

豌豆蛋白粉或任意的純素蛋白粉2大匙（14公克）

肉桂粉＋份量外撒料1/4小匙

香草精1/2小匙

甜菊糖液1/8小匙

建議配料：

新鮮莓果

生的或烤過的南瓜籽

椰子優格

份量：1份　準備時間：2分鐘　烹調時間：5分鐘

除了香草精和甜菊糖液，將所有材料放入單柄小湯鍋，攪拌均勻。以中火慢慢加熱，直到鍋邊的植物奶開始冒泡，離火。靜置混料約一分鐘，使其變稠冷卻。拌入香草精和甜菊糖液，然後倒入餐碗，撒上少許肉桂粉。視喜好搭配新鮮莓果、南瓜籽和/或優格。

變化 隔夜無燕麥粥 所有食材放入玻璃罐（475毫升），冷藏隔夜。隔天早上就能直接從冰箱中拿出「無燕麥粥」悠閒享用。

營養資訊：385大卡│脂肪26.9公克│蛋白質27.4公克│總碳水9.1公克│淨碳水3.1公克

無堅果巧克力燕麥脆片

由於成長於1990年代，我對巧克力口味的早餐食品有強烈渴望。巧克力花生醬泡芙穀片、巧克力代餐奶昔，還有巧克力脆片迷你瑪芬，都經常出現在我的早餐陣容。我認為這款巧克力燕麥脆片是那些高糖食品的精緻版本，還富含對身體有益的omega-3脂肪酸、蛋白質和纖維呢！通常我會將無堅果巧克力燕麥脆片放入一碗椰子優格（68頁），或是像一般早餐穀片，依樣搭配手邊有的植物奶食用。

份量：4杯（200公克）（一份約40公克）
準備時間：5分鐘　烹調時間：20分鐘

顆粒狀甜味劑2大匙（24公克）

可可粉1大圓匙

水1大匙

室溫中東芝麻醬1大匙

鹽1小撮

去殼大麻籽80公克

生南瓜籽60公克

芝麻40公克

· 烤箱預熱至150℃，有邊烤盤鋪烘焙紙。

· 取一中型調理盆，放入甜味劑、可可粉、水、中東芝麻醬、鹽，攪拌至整體充分混合。

· 加入種籽，以橡皮刮刀混拌，直到種籽完全裹上巧克力糊，食材形成略呈碎粒感的麵糰。

· 混料倒入鋪烘焙紙的烤盤抹平，確保部分團狀維持完整。

· 烘烤20分鐘，直到團狀觸感變硬，不再黏手。

· 靜置至完全冷卻後，放入密封盒保存。

保存 放入密封盒，置於乾燥處，可保存5天。

營養資訊：225大卡 | 脂肪20.2公克 | 蛋白質10.8公克 | 總碳水9.4公克 | 淨碳水2公克

椰子優格

這款自製優格比任何我在店裡買到的更好吃,而且作法非常簡單!甚至不需要優格機。你可以用任何喜愛品牌的罐頭椰奶,不過,我使用含有關華豆膠(guar gum)的品牌做出來的優格最成功。

全脂椰奶1罐(400毫升)
益生菌膠囊1個或以上(見備註)

份量:400毫升(每份可裝滿120毫升)
準備時間:5分鐘,外加24到48小時發酵

· 將椰奶和益生菌膠囊內容物倒入果汁機或食物調理機,視椰奶的固態程度,攪打10到20秒,至整體滑順並充分混合。

· 混料倒入乾淨乾燥的玻璃罐(475毫升),蓋上粗棉布,用橡皮圈束緊。

· 玻璃罐放在相對溫暖但不受陽光直射的地方(至少21℃),依照喜歡的質地和味道(見備註),靜置24到48小時。通常我會在24小時後檢查一下,然後每4到6小時檢查一次。

· 發酵完成後,蓋上玻璃罐的蓋子,放入冰箱冷藏。冷藏後,優格會稍微更加定型。

保存 可冷藏保存1週。

備註 使用的益生菌膠囊和發酵決定優格的濃稠度和酸度。我使用一顆含有300億菌落形成單位(CFU)的膠囊。48小時內,就能做出帶酸味的優格,質地濃郁滑順,類似希臘優格。

若想要更濃稠的優格,那就增加益生菌的份量。這並不是能達到特定質地的完美配方,如果室內溫度很穩定,可將CFU數量增加兩倍至60億,應該就能在一半的時間內做出濃稠的椰子優格。

至於質地較稀、酸度較低的優格,使用1顆益生菌膠囊(300億CFU)即可,並在24小時後,將優格放入冷藏室。

營養資訊:220大卡 | 脂肪22公克 | 蛋白質2公克 | 總碳水2公克 | 淨碳水2公克

檸檬罌粟籽瑪芬

第一次嘗試生酮飲食，我最想念的高碳水食物就是烘焙食品。烘焙是我最喜愛的活動之一。大學期間，我曾短暫創辦杯子蛋糕配送服務，接著就到麵包店工作。要在沒有麩質、奶蛋，現在甚至連糖和穀類麵粉都沒有的情況下學習烘焙，確實是一趟大冒險，不過，一切所付出的心血非常值得。這些檸檬瑪芬能讓我一整天都有好心情。我很享受在週末烘焙，在杯子蛋糕加上少許生酮奶油抹醬（187頁），並搭配一杯椰子抹茶拿鐵（158頁）。

椰奶或任一植物奶180毫升

檸檬1顆，皮刨細絲、榨汁

顆粒狀甜味劑3大（36公克）

冷壓初榨橄欖油2大匙（30公克）

香草精1小匙

磨碎的亞麻籽56公克（見祕訣）

椰子粉56公克

罌粟籽1大匙

泡打粉1大匙

小蘇打粉1/8大匙

鹽1小撮

份量：5個瑪芬（每份1個）
準備時間：10分鐘　烹調時間：30分鐘

・烤箱預熱至190℃，標準瑪芬多連模內放烘焙紙模。或使用不需紙杯的矽膠瑪芬多連模。

・取一個小調理盆，放入植物奶、檸檬皮絲和檸檬汁、甜味劑、橄欖油、香草精，攪打均勻。

・另取一個小調理盆，放入其餘食材，以叉子混合均勻。

・濕料倒入乾料，快速攪拌至沒有疙瘩，麵糊濃稠輕盈。停止混合以維持體積。

・小心舀取麵糊，倒入瑪芬模內的紙杯，填滿，烘烤30分鐘，直到刀子刺進瑪芬拉出時不沾黏，瑪芬上方觸感紮實。

・取出烤箱，留在烤模中冷卻至少15分鐘，使瑪芬有時間定型。

・冷卻後，瑪芬應該就能輕鬆脫模。若使用矽膠瑪芬模，待瑪芬等卻後，用刀子沿著模具內壁劃一圈，確保可輕鬆脫模。

變化 檸檬藍莓馬芬。以40公克新鮮藍莓取代罌粟籽。

保存 放入密封盒，置於乾燥處可保存3天，冷藏5天。

祕訣 使用黃金亞麻籽，可使烘焙食品的顏色較淺，較接近傳統烘焙食品。

營養資訊：169大卡｜脂肪12.5公克｜蛋白質4.8公克｜總碳水17.1公克｜淨碳水2.4公克

南瓜麵包

一片暖呼呼的南瓜麵包非常療癒人心,特別是在微涼的秋天早晨,搭配一杯熱騰騰的咖啡。我很喜歡在南瓜麵包上塗生酮奶油抹醬(187頁)。

若要製作無大豆版本的南瓜麵包,以等量的鷹嘴豆粉、蠶豆粉或羽扇豆粉代替即可。別忘了考慮碳水化合物的份量差異!

份量:23x12.75公分長條1個(8份)
準備時間:10分鐘　烹調時間:50分鐘

椰奶或任一植物奶80毫升

顆粒狀甜味劑48公克

磨碎的亞麻籽2大匙(14公克)

香草精1小匙

南瓜泥170公克

軟化的椰子油112公克

大豆粉84公克

椰子粉28公克

肉桂粉2小匙

泡打粉1/2小匙

小蘇打粉1/4小匙

鹽1/4小匙

- 烤箱預熱至177℃,23x12.75公分磅蛋糕模鋪烘焙紙,兩側長邊各保留至少5公分,以便脫模。

- 取一中型調理盆,放入植物奶、甜味劑、亞麻籽和香草精,攪拌均勻。靜置5分鐘,直到亞麻籽吸收部分液體,整體變稠,然後拌入南瓜泥和椰子油。

- 另取一個小調理盆,放入大豆粉、椰子粉、肉桂粉、泡打粉、小蘇打粉、鹽,拌勻。

- 乾料倒入南瓜麵糊,混合至整體均勻滑順,接著舀出麵糊,放入鋪烘焙紙的烤模,填平。麵糊稠到無法用倒的,不過,仍鬆軟到可以抹平。

- 烘烤50分鐘,直到以刀子刺入中心拉出時不沾黏。麵包出爐,留在烤模中靜置5分鐘,然後將兩側的烘焙紙當作提把,提起脫模。

- 完全冷卻後再切片。

保存 包緊後可室溫保存2天,冷藏保存4天;或是切片冷凍,可保存1個月。

重新加熱 冷凍切片麵包放入預熱至177℃的烤箱,重新加熱約5分鐘,直到整體變溫熱,或是烤至10分鐘,使其變得香脆。

祕訣 剩下半罐南瓜泥可冷凍保存,之後做這款麵包時可繼續使用,或是用來製作奶瓜香料拿鐵(159頁)。

變化 依照上述配方製作,不過,將麵糊舀至8個鋪烘焙紙的普通尺寸瑪芬模,烘烤30分鐘,直到以刀子刺入中心拉出時不沾黏。留在烤模中靜置5分鐘再脫模。

營養資訊:147大卡 | 脂肪10.6公克 | 蛋白質3.3公克 | 總碳水9.1公克 | 淨碳水3.3公克

種籽麵包

這款麵包很快就成為我的早餐標準配備，它讓我想起曾經最愛的緊實長條型德式種籽黑麥麵包，當時，我的飲食中有大量碳水化合物和麩質。種籽麵包是很理想的早餐選擇，因為富含脂肪與蛋白質，可帶來飽足感，並讓你精力充沛。這也是酪梨吐司（76頁）的最佳基底。

生南瓜籽120公克

生葵花籽120公克

奇亞籽40公克

豌豆蛋白粉56公克（見備註）

洋車前子殼20公克

鹽1/2小匙

水240毫升

室溫的中東芝麻醬64公克

份量：23x12.75公分長條1個（12份）
準備時間：10分鐘　烹調時間：1.5小時

· 烤箱預熱至190℃，23x12.75公分磅蛋糕模鋪烘焙紙，兩側長邊各保留至少5公分，以便脫模。

· 取一中型調理盆，放入種籽、蛋白粉、洋車前子殼和鹽混合。

· 另取一個小調理盆或量杯，放入水和中東芝麻醬拌勻。

· 芝麻糊倒入乾料，攪拌至整體混合均勻，不再有乾燥的斑點。麵糰會隨著攪拌而變得相當紮實。

· 舀出麵糰，放入鋪烘焙紙的烤模攤平，整平頂部。

· 烘烤85至90分鐘，直到表皮變硬，輕敲時會發出中空聲。

· 將兩側的烘焙紙當作提把，取出麵包，放在網架上冷卻，等完全冷卻後再切片。

保存　包緊後可室溫保存3天，冷藏可保存1週；或是切片冷凍，可保存1個月。

重新加熱　冷凍切片麵包放入預熱至177℃的烤箱，重新加熱約5分鐘，直到整體變溫熱，或是烤至10分鐘，使其變得香脆。

備註　這份食譜使用豌豆蛋白的效果最好。部分蛋白粉（例如大豆蛋白）的效果不同。

營養資訊：192大卡｜脂肪14.7公克｜蛋白質10.5公克｜總碳水6.9公克｜淨碳水2.5公克

酪梨吐司

不難理解酪梨吐司為何變得如此受歡迎。美味香脆的烤麵包,再放上
柔滑的酪梨、新鮮沙拉葉、芽菜,或是其他蔬菜。

份量:23x12.75公分長條1個(12份)
準備時間:10分鐘　烹調時間:1.5小時

厚切種籽麵包(74頁)4片
中型哈斯酪梨1個(212公克)
青檸或檸檬汁1大匙
蒜泥1小匙
鹽適量
現磨黑胡椒適量

建議配料:

微型菜苗
青花菜嫩芽
切片櫻桃蘿蔔
切片番茄
切片青蔥(僅取綠色部分)
萬用貝果鹽(174頁)

· 烤箱預熱至150℃。

· 切片麵包直接放上烤箱網架,烤5分鐘,或是烤至略微焦
脆。從烤箱中拿出麵包。

· 酪梨對切,去核,挖出果肉,放進小調理盆。加入青檸汁和
蒜泥壓碎,直到整體質地均勻滑順。

· 酪梨泥分成兩等份,放在兩片烤麵包上,依照個人口味撒
鹽和胡椒,擺上喜歡的配料即完成。

保存 　將麵包、酪梨泥和配料分別放
入密封容器,可冷藏保存2天。

營養資訊:501大卡 | 脂肪39.8公克 | 蛋白質22.4公克 | 總碳水20.5公克 | 淨碳水7.1公克

奇亞籽布丁三吃

我花了好一陣子才準備好吃奇亞籽布丁，最後我總算辦到了，而且現在還成為我的早餐必備陣容，尤其是時間緊湊的早晨，或是我需要能帶了就走的東西。這幾款布丁都是為你的飲食增添蛋白質、纖維，以及具抗發炎效果的omega-3脂肪酸的絕佳方法。

原味奇亞籽布丁
無糖椰奶或任一植物奶180毫升
奇亞籽3大匙（30公克）
甜菊糖液8到10滴（非必要）

建議配料：
莓果
無糖椰子片

份量：1份　準備時間：5分鐘，外加10分鐘等待變稠

· 將所有食材放入至少可容納240毫升的玻璃罐。蓋緊蓋子，搖晃到所有食材充分混合。靜置10分鐘，直到奇亞籽吸收大部分椰奶。

· 攪散結塊的部分，視喜好撒上莓果或椰子片，即可享用。

保存 裝罐後密封冷藏，可保存3天。

營養資訊：178大卡 | 脂肪12.6公克 | 蛋白質5.3公克 | 總碳水7.2公克 | 淨碳水4公克

杏仁醬覆盆子奇亞籽布丁

份量：1份　準備時間：5分鐘，外加10分鐘等待變稠

杏仁奶或任一植物奶160毫升

室溫無糖杏仁醬2大匙（32公克）

冷凍覆盆子1大匙或新鮮覆盆子5
顆

奇亞籽3大匙（30公克）

甜菊糖液8到10滴（非必要）

建議配料：

更多覆盆子

- 將一半份量的植物奶和杏仁醬放入至少可容納240毫升的玻璃罐。用叉子攪拌至杏仁醬溶化。加入覆盆子，用叉子壓碎。

- 加入奇亞籽、甜菊糖液與其餘的杏仁奶。蓋緊蓋子，搖晃到所有食材充分混合。靜置10分鐘，直到奇亞籽吸收大部分椰奶。

- 攪散結塊的部分，放上更多覆盆子，即可享用。

保存 裝罐後密封冷藏，可保存3天。

營養資訊：411大卡 | 脂肪33.9公克 | 蛋白質14公克 | 總碳水19.2公克 | 淨碳水6.3公克

絲滑巧克力奇亞籽布丁

份量：1份　準備時間：5分鐘，外加10分鐘等待變稠

無糖椰奶或任一植物奶180毫升

奇亞籽3大匙（30公克）

可可粉1圓匙

甜菊糖液8到10滴（非必要）

建議配料：

莓果

無糖椰子片

- 將所有食材放入果汁機或食物調理機，攪打約2分鐘至整體滑順。布丁會變得很稠，不過，應該仍具流動性。若布丁稠到無法倒出，一次加入2大匙椰奶，直到達到想要的質地。

- 食用前，倒入碗中或至少可容納240毫升的玻璃罐。蓋緊蓋子，可視喜好撒上莓果或椰子片。

保存 裝罐後密封冷藏，可保存3天。

營養資訊：190大卡 | 脂肪13.3公克 | 蛋白質6.4公克 | 總碳水16.4公克 | 淨碳水3.9公克

中東芝麻醬貝果

剛開始實行生酮飲食時，我非常想念貝果。能做出這份食譜配方，所有的常識和錯誤都值得了。雖然這些吃起來與真正的貝果不太一樣，不過，卻是恰如其分的美味替代品。這是我的部落格上最受歡迎的食譜之一，而且多虧讀者們的回饋而改版了好幾次。這份食譜是最新改良版本。這些貝果單吃美味，搭配萬用貝果鹽，滋味更上一層樓！

磨碎的亞麻籽56公克

洋車前子殼20公克

泡打粉3/4小匙

鹽1/4小匙

溫水240毫升

室溫的中東芝麻醬132公克

配料（依喜好選擇）：

芝麻

萬用貝果鹽（174頁）

生酮奶油抹醬（187頁）或任一純素奶油替代品

保存 放在有蓋容器中，可冷藏保存3天，冷凍保存1個月。

重新加熱 冷凍貝果放入預熱至150℃的烤箱，重新加熱約5分鐘，直到整體變溫熱。若希望將貝果烤至香脆，可將貝果橫剖後，放回烤箱續烤5分鐘。

份量：6個貝果（1個1份）
準備時間：10分鐘　烹調時間：40分鐘

- 烤箱預熱至190℃，標準尺寸甜甜圈六連模抹油，或在烤盤上鋪烘焙紙防沾。

- 取一小型調理盆，放入亞麻籽、洋車前子殼、泡打粉和鹽混合。

- 另取一個小調理盆或量杯，放入水和中東芝麻醬拌勻。

- 將乾料倒入芝麻糊攪拌，然後揉成麵糰。麵糰會濃稠黏手。

- 若使用甜甜圈烤模製作貝果，將麵糰壓入抹油的甜甜圈模，確認每一塊的份量相同。

- 若使用烤盤製作貝果，麵糰分成6個大小相同的圓球。用雙手將球狀麵糰壓成直徑約10公分、厚0.6公分的圓盤狀。用手指在每片麵糰中央戳洞，並將洞拉扯至直徑2.5公分。將貝果平放在鋪烘焙紙的烤盤上。

- 視個人喜好，烘烤前，可在貝果上撒芝麻或萬用貝果鹽。

- 烘烤約40分鐘，直到變成深金色。放在模具中，待完全冷卻再脫膜。

- 將貝果橫剖為二後，烤至香脆，如一般貝果的吃法。放上喜愛的配料，即可享用！

營養資訊：332大卡 | 脂肪27.7公克 | 蛋白質10公克 | 總碳水11.5公克 | 淨碳水2.5公克

點心

椰香可可堅果綜合點心

健行橫越新罕布夏州的白山是我最愛的活動之一。健行一整天需要便於攜帶的食物，因此，我總是會帶上堅果綜合點心。我是出名地愛吃這種點心，就像我喜歡穀片配椰奶。

可選擇加入冷凍乾燥莓果，以增添酸度與風味。若不加莓果，則每份可減少0.7公克淨碳水。

無糖椰子片60公克

切碎的生胡桃120公克

生南瓜籽60公克

可可豆碎粒30公克

冷凍乾燥覆盆子或草莓7公克（非必需）

份量：約255公克（每份約40公克）
準備時間：5分鐘　烹調時間：10分鐘

· 烤箱預熱至150℃。

· 椰子、胡桃、南瓜籽平鋪在鋪烘焙紙的烤盤上，放入烤箱烘烤10分鐘，直到椰子片轉為金黃色。

· 出爐，靜置至完全冷卻後，放入可可豆碎粒與冷凍乾燥莓果混合即完成。

保存　放入密封容器，可室溫保存1週。

營養資訊：211大卡 | 脂肪19.9公克 | 蛋白質5.2公克 | 總碳水7.7公克 | 淨碳水2.7公克

烤蘿蔔片

似乎無時無刻都會冒出新的蔬菜脆片潮流,不過,我始終覺得蘿蔔脆片最好吃。蘿蔔獨特的辛辣感,吃起來比其他蔬菜片更有意思。任何品種的蘿蔔都可以,從白蘿蔔、紅心蘿蔔(心裡美蘿蔔/watermelon radish)到超市常見的「法式早餐蘿蔔」(French breakfast radish),後者就是我在這份食譜中使用的品種。你當然可以用刀子切蘿蔔片,不過,用曼陀林切片器既省時又省力。

大型蘿蔔454公克,切薄片
鹽1/2小匙
冷壓初榨橄欖油60毫升
蒜粉1/4小匙
壓碎的黑胡椒1/4小匙

份量:4份　準備時間:15分鐘　烹調時間:25分鐘

· 烤箱預熱至190℃,烤盤鋪烘焙紙。

· 取大型調理盆,混拌蘿蔔片和鹽。靜置5分鐘。

· 5分鐘後,蘿蔔應該會出水。將蘿蔔片平鋪在乾淨的廚房布巾或廚房紙巾上拍乾。擦乾調理盆。

· 將蘿蔔片倒回調理盆,加入橄欖油、蒜粉、胡椒。混合,使蘿蔔片裹上油和辛香料。

· 以不重疊的方式,將蘿蔔片排放在烤盤上。

· 烘烤25分鐘,直到較大的脆片呈現均勻的金黃色。溫熱享用。

保存　放入密封容器,可冷藏保存3天。

重新加熱　蘿蔔片薄薄地鋪在放烘焙紙的烤盤上,放入預熱至150℃的烤箱,加熱5分鐘,直到溫熱。

營養資訊:138大卡 | 脂肪13.6公克 | 蛋白質0.8公克 | 總碳水4公克 | 淨碳水2公克

免烤法拉費

法拉費（Falafel）是我最喜愛的食物之一，這是我住在一家營業至凌晨2點的法拉費專賣店對面時養成的愛好。雖然我已經搬離這家餐廳附近將近10年，但對法拉費的渴望，遠超過所有其他食物。生酮法拉費是一大挑戰，因為鷹嘴豆的碳水量有點太高了。我喜歡在這道食譜中，以大麻籽作為替代品；大麻籽可提供蛋白質和omega-3脂肪酸，碳水化合物含量也非常低。這些法拉費不需要烹煮，而且沾中東芝麻淋醬（186頁）就是美味的點心，也可加入法拉費沙拉（106頁）。

份量：10顆（每份1顆）　準備時間：10分鐘，外加冷卻時間

去殼大麻籽120公克

乾燥巴西里葉1大匙

孜然粉1 1/2小匙

洋蔥粉1小匙

蒜粉1/2小匙

壓碎的黑胡椒1/4小匙

檸檬皮刨絲1顆份

中東芝麻醬64公克，室溫

· 烤盤鋪烘焙紙。

· 使用食物調理機或果汁機，將去殼大麻籽打碎至粗粉狀。

· 將大麻籽粗粉放入中型調理盆，放入中東芝麻醬之外的其餘食材，攪拌至混合均勻。

· 拌入中東芝麻醬，繼續混合，直到食材結合成帶點碎粒感的麵糰。整體會是派皮的質地，捏起時應該要能維持黏結。

· 運用雙手，將混料滾成10顆圓球，每顆約1大匙。將圓球放上鋪烘焙紙的烤盤。

· 放入冷凍室，冷卻至少30分鐘，或是冷藏2小時，讓法拉費固定成形。

保存　放入密封容器，可冷藏保存1週，冷凍保存1個月。

營養資訊：106大卡 | 脂肪9.1公克 | 蛋白質5.4公克 | 總碳水2.4公克 | 淨碳水1.2公克

亞麻籽多滋

其實這些只是稍微修飾過的亞麻籽餅乾，不過，我想稱它們為亞麻籽多滋，向我青少年時期熱愛的玉米脆片致敬。這道食譜非常簡單，而且變化豐富，只要在基礎配方中加入1大匙任何你喜歡的調味料，就能改變口味。我最喜愛的添加物分別是辣椒粉和中東綜合香料（za'atar）。

亞麻籽粉112公克
營養酵母20公克
蒜粉1小匙
鹽1/2小匙
水180毫升

份量：6份　準備時間：10分鐘，外加冷卻時間

- 烤箱預熱至177℃，烤盤鋪烘焙紙。

- 取中型調理盆，放入亞麻籽粉、營養酵母、蒜粉和鹽，混合均勻。

- 倒入水，攪拌約1分鐘，直到形成濃稠的麵糊，質地應該可抹開，有如純天然花生醬。如果麵糊太稠，可加入少許水攪拌。

- 麵糰放上鋪烘焙紙的烤盤，抹成薄層，利用湯匙背面來整平表面。使用奶油刀在麵糰上劃出三角形痕跡。

- 烘烤35分鐘，直到餅乾觸感變硬，沒有任何柔軟處。

- 取出烤箱，靜置約20分鐘冷卻，使餅乾定型。食用前剝開。

保存　放入密封容器，室溫可保存4天。

營養資訊：106大卡 | 脂肪9.1公克 | 蛋白質3公克 | 總碳水2.4公克 | 淨碳水1.2公克

蒜香蒔蘿羽衣甘藍脆片

我很喜歡羽衣甘藍,不過,大部分商業品牌的碳水含量都相當高。有些甚至含有龍舌蘭花蜜或楓糖漿!幸好這份食譜完全生酮友善,而且我認為這些脆片比許多市售版本更好吃。

中東芝麻醬96公克,室溫

冷壓初榨橄欖油2大匙(30毫升)

蘋果酒醋1大匙

蒜泥1大匙

鹽1/2小匙

新鮮蒔蘿5公克,切片

去梗切碎的羽衣甘藍140公克

份量:4份　準備時間:10分鐘　烹調時間:18分鐘

· 烤箱預熱至190℃,烤盤鋪烘焙紙。

· 取一大型調理盆,放入中東芝麻醬、橄欖油、醋、大蒜、鹽攪拌至混合均勻。拌入蒔蘿。

· 放入羽衣甘藍,混拌,使其裹滿中東芝麻醬汁。用手混合最方便,而且還能將醬汁充分沾滿葉片。

· 將羽衣甘藍放上鋪烘焙紙的烤盤,整理成薄層,烘烤18分鐘,直到整體均勻烤成乾燥脆片。

保存 放入密封容器,可室溫保存1天。

恢復香脆 如果空氣潮濕,脆片變得軟韌,放入150℃的烤箱,烘烤5分鐘,即可恢復香脆。

營養資訊:208大卡 | 脂肪18.9公克 | 蛋白質5.4公克 | 總碳水7.6公克 | 淨碳水4.3公克

羽扇豆中東豆泥

中東鷹嘴豆泥是我可以用湯匙挖著吃一整天也不膩的食物。只可惜鷹
嘴豆的碳水量有點太高了。中東鷹嘴豆泥當然可以在生酮飲食中佔有
一席之地，不過，這個以羽扇豆製成的版本，碳水含量對生酮飲食更有
利。其淨碳水是傳統中東鷹嘴豆泥的一半，因此，同樣的碳水量，可以
吃雙倍的豆泥，怎能讓人不愛？

罐裝（浸漬鹽水）羽扇豆250公
克，瀝乾

冷壓初榨橄欖油120毫升

水120毫升

中東芝麻醬64公克，室溫

檸檬汁1顆份

蒜泥1小匙

孜然粉1小匙

煙燻紅椒粉適量，撒在豆泥上

份量：600毫升（每份60毫升）　準備時間：5分鐘

將羽扇豆、橄欖油、水、中東芝麻醬、檸檬汁、蒜泥、孜然粉放
入食物調理機或高功率果汁機，攪打2、3分鐘至滑順。倒入
大碗，撒上煙燻紅椒粉即完成。

保存 放入密封容器，可冷藏保存
4天。

營養資訊：162大卡 | 脂肪14.7公克 | 蛋白質5公克 | 總碳水4公克 | 淨碳水2.7公克

種籽餅乾

有時候，就是想吃香脆微鹹的東西嘛。這款種籽餅乾不僅為餐桌上增添脆度和風味，更含有豐富的蛋白質與部分維生素B！我喜歡南瓜籽和葵花籽的組合，不過，如果想要進一步降低碳水量，可以使用120公克南瓜籽，省略葵花籽。

奇亞籽80公克
生南瓜籽60公克
生葵花籽60公克
中東芝麻醬2大匙（32公克）
水180毫升
乾燥洋蔥片1大匙
鹽1/4小匙

份量：約30片餅乾（每5x7.5公分；一份＝5片餅乾）
準備時間：10分鐘　烹調時間：30分鐘

· 烤箱預熱至177℃，烤盤鋪烘焙紙。

· 取中型調理盆，放入所有食材，攪拌均勻。靜置10分鐘，直到奇亞籽吸收所有水分，整體轉為厚實的麵團狀。

· 麵糰放在鋪烘焙紙的烤盤，鋪成薄薄一層（不可超過0.5公分），並用湯匙背面抹平。

· 烘烤30分鐘，直到餅乾變乾，變成均勻的淡金色。

· 取出烤箱，靜置冷卻後剝成塊。

保存 放入密封容器，室溫可保存4天。

備註 若希望外觀更整齊一致，可在烘烤前將餅乾劃5x7.5公分的刀痕。

營養資訊：208大卡 | 脂肪16.4公克 | 蛋白質8公克 | 總碳水10.5公克 | 淨碳水3.9公克

海苔能量脆條

這道海苔棒是我以前在健康食品店工作時經常購買的零食的自製版本。我非常喜歡一口咬下時「啪擦」清脆斷裂的口感。通常我會在長途旅行或休閒健行時隨身帶一些,因為這些點心攜帶方便,而且也不像綜合堅果那樣亂成一團。

壽司海苔4張

生葵花籽120公克

奇亞籽2大匙(20公克)

辣椒粉或咖哩粉1大匙

鹽1/4小匙

水60毫升

份量:12根(每份2根)
準備時間:15分鐘　烹調時間:45分鐘

- 烤箱預熱至82℃,烤盤鋪烘焙紙。準備一小碗水,用來封住海苔片。

- 用廚房剪刀將海苔剪成3等份

- 葵花籽放入食物調理機,打碎成粉末狀。

- 取一小型調理盆,放入葵花籽粉、奇亞籽、辣椒粉、鹽和水,混合成濃稠的麵糰。輕捏時不應碎裂散開。

- 取一張剪切好的海苔,沿著長邊放上1½大匙種籽混料。手指沾少許水,抹在海苔外側邊緣。從內側開始,緊緊捲起混料,最後,壓住沾濕的海苔邊以封緊。海苔捲黏合處朝下,放上烤盤。重複至混料用完,應該可做出12根海苔脆條。

- 將海苔脆條烘烤45分鐘,至變得硬實乾燥。冷卻後即可裝入容器儲存。

保存 放入透氣容器(如紙袋),可室溫保存3天。

營養資訊:163大卡│脂肪13.3公克│蛋白質6.4公克│總碳水7.5公克│淨碳水3.2公克

簡易花生醬蛋白棒

忙碌時，如果有方便實用的零食吃，真的很不錯，這道蛋白棒就非常適合我。如果要出門一段時間，早上我會在包包丟入一、兩條蛋白棒，這樣一來，隨時都有生酮友善的點心可吃。如果不吃花生醬，杏仁醬或葵花籽醬的效果一樣好。

亞麻籽粉1大匙

豌豆奶或任一植物奶120毫升

顆粒狀甜味劑2大匙（24公克），打成粉狀（見備註）

無糖柔滑花生醬128公克，室溫

豌豆蛋白粉或任一植物蛋白粉56公克

可可豆碎粒30公克

份量：6條（每份1條）　準備時間：10分鐘＋1小時冷藏

· 23x12.75公分磅蛋糕模鋪烘焙紙。

· 取一大調理盆，放入亞麻籽、植物奶、甜味劑，攪打。加入花生醬和蛋白粉，攪拌成黏稠麵糰狀。將麵糰揉至均勻。

· 麵糰壓入鋪烘焙紙的磅蛋糕模，撒上可可豆碎粒。輕壓使可可豆碎粒黏合。

· 冷藏至少1小時，直到蛋白棒變硬，切條後即可食用。

保存 放入密封容器，可冷藏保存3天。

備註 我不買粉狀甜味劑；秤重顆粒狀甜味劑，然後放入磨豆機或香料研磨機，打成粉狀即可。

營養資訊：183大卡 | 脂肪12.9公克 | 蛋白質14.1公克 | 總碳水9.3公克 | 淨碳水2.8公克

黃瓜酪梨捲

以前，我和室友晚上想吃壽司時，就會做這種懶人版壽司。我很喜歡在這道黃瓜捲中加入青花芽菜，作為攝取重要的硫化物的方式。如果不喜歡青花芽菜，可將紅椒、橘椒或黃椒切薄片，也是美味的替代品（但碳水含量較高）。

中型哈斯酪梨1個（212公克）
壽司海苔2張
芝麻2大匙（20公克）
黃瓜薄片50公克
青花芽菜30公克

沾醬建議：
低鈉溜醬油或椰子胺基醬油搭配蔥花（只取綠色部分）
酸香酪梨美乃滋（183頁）或任一純素美乃滋

份量：2份（每份6到8個）　準備時間：10分鐘

· 酪梨對切去核。挖出果肉放入小碗，用叉子壓碎。

· 將2張壽司海苔放在平面上鋪開，各抹滿一半的壓碎酪梨，其中一側保留2.5公分的空間。

· 2張塗滿酪梨的海苔上各撒上1大匙芝麻。

· 2張海苔上各放一半黃瓜片，最後放上青花芽菜。

· 以少許水沾濕海苔邊緣，從靠自己的一端開始捲，將海苔捲起。輕壓邊緣，使海苔捲緊密封起。

· 每條酪梨捲切成6到8塊（視個人喜好），每次下刀前，刀子都要過水。

· 搭配喜愛的沾醬享用。

保存 放入密封容器，可冷藏保存2天。

營養資訊：201大卡│脂肪16.4公克│蛋白質6.2公克│總碳水10.8公克│淨碳水2.5公克

咖哩豆腐沙拉一口點心

雖然一年當中任何季節都可以製作這道小點心，不過，我特別喜歡在春夏享用。天氣較暖時，西洋芹和黃瓜吃起來無比清爽。將黃瓜片和1/4的豆腐沙拉混料放上種籽麵包（74頁），再加上些許萵苣，蓋上另一片麵包，豆腐沙拉就變成一道豐盛的正餐了。

這份食譜也能輕鬆改變風味，通常我會使用馬德拉斯咖哩粉，不過，換成辣椒粉也同樣美味。

份量：32個小點心（每份8個）
準備時間：10分鐘（不含製作美乃滋）

板豆腐1盒（397公克），瀝乾

酸香酪梨美乃滋（183頁）或任一純素美乃滋60毫升

切丁西洋芹25公克

咖哩粉或辣將粉2小匙

鹽1/4小匙

黃瓜薄片32片（100公克）

壓碎的黑胡椒適量

青蔥（只取綠色部分）2根，切蔥花

・取一大調理盆，放入豆腐、美乃滋、西洋芹、咖哩粉、鹽，搗碎至整體充分混合。

・每片黃瓜上放1大匙豆腐混料。

・撒上現磨黑胡椒和蔥花，即可享用。

保存 放入密封容器，可冷藏保存3天。

營養資訊：148大卡 | 脂肪9.6公克 | 蛋白質11.1公克 | 總碳水6.5公克 | 淨碳水3.7公克

湯品、沙拉、配菜

法拉費沙拉

過去還吃麩質的時候,我常常大吃包在溫熱口袋餅中的法拉費。口袋餅已經一去不復返,不過,我還是非常喜歡法拉費沙拉。這道是簡化版本,使用低碳水的現成材料製作。準備沙拉時,務必提前至少半小時製作法拉費丸子,讓法拉費有時間冷藏定型。

新鮮嫩菠菜120公克
櫻桃蘿蔔片60公克
黃瓜片50公克
紫包心菜絲30公克
免烤法拉費1份(88頁)
中東芝麻醬汁60毫升(186頁)

份量:2份
準備時間:10分鐘(不含製作法拉費和沙拉醬)

・將菠菜、櫻桃蘿蔔、黃瓜、紫包心菜絲分裝成兩碗。放上法拉費,淋上沙拉醬即完成。

保存 剩下的沙拉與法拉費和沙拉醬分別放入密封容器,可冷藏保存3天。

營養資訊:632大卡 | 脂肪52.2公克 | 蛋白質32.4公克 | 總碳水19.7公克 | 淨碳水9.8公克

中東蔬菜沙拉

我很喜歡和大家討論食物,藉此認識新的風味與菜餚。我和一位來自
沙烏地阿拉伯的女性討論低碳水純素正餐選項時,就出現了這道中東
蔬菜沙拉(fattoush)。她將最喜愛的中東蔬菜沙拉食譜寄給我,並問
我是否能為她做成生酮版本。從此,這也變成我最愛製作的沙拉之一,
爽口又美味!

醬汁:

檸檬汁1顆份

冷壓初榨橄欖油60毫升

中東綜合香料(za'atar)1大匙

大蒜粉1/4小匙

沙拉:

切碎的蘿蔓生菜(約2顆蘿蔓
芯)190公克

剖半小番茄120公克

黃瓜片1杯100公克

新鮮巴西里葉30公克,切碎

新鮮薄荷葉15公克,切碎

亞麻籽多滋食譜1份(90頁)

份量:4份　準備時間:10分鐘(不含製作亞麻籽多滋)

· 製作沙拉醬:所有食材放入玻璃罐轉緊,搖晃至混合。

· 製作沙拉:所有食材放入大碗拌勻。

· 沙拉分裝成4碗。亞麻籽多滋剝成適口大小,平分成4等份
　放上沙拉。每碗沙拉淋2大匙(30毫升)沙拉醬。

保存 將未淋醬的沙拉(不加亞麻籽多
滋)放入密封容器,可冷藏保存3天。沙
拉醬可冷藏保存1週。

營養資訊:334大卡|脂肪26.9公克|蛋白質10.9公克|總碳水16.9公克|淨碳水4.9公克

薑味胡蘿蔔濃湯

胡蘿蔔是我最喜愛的食物之一，幾乎各種形式都愛。大家都知道，我可是能閉著眼睛在一天之內吃下超過200公克的胡蘿蔔呢！因此，我最愛的湯品之一是以胡蘿蔔製成，也是很合理的。這道湯中，胡蘿蔔與椰奶的細緻甜味，加上辛辣的薑味與爽口的檸檬，真是天作之合！對我來說，這就是陽光的滋味。

份量：4份　準備時間：5分鐘　烹調時間：25分鐘

冷壓初榨橄欖油2大匙（30毫升）
胡蘿蔔片190公克
現磨薑泥1大匙
蔬菜高湯360毫升
全脂椰奶1罐（400毫升）
檸檬皮絲1顆份
現磨黑胡椒1/4小匙

- 將橄欖油倒入大湯鍋，以中火加熱。放入胡蘿蔔和薑，煮約5分鐘，不時翻拌，直到胡蘿蔔變軟。
- 倒入高湯和椰奶，蓋上鍋蓋。續煮20分鐘，直到胡蘿蔔變軟，可以用刀尖輕鬆刺穿。
- 將湯倒入果汁機，攪打約2分鐘至滑順。
- 分裝成4碗，撒上檸檬皮絲和現磨黑胡椒，即可享用。

保存 放入密封容器，可冷藏保存3天；冷凍可保存1個月。

重新加熱 放入加蓋的湯鍋，以中小火加熱至喜歡的溫度。

營養資訊：234大卡｜脂肪20.6公克｜蛋白質2.1公克｜總碳水7.7公克｜淨碳水6.3公克

香辣椰湯

多年前，我的室友兼摯友卡特琳，為我和她當時的男友（現在是她的老公）製作了一道美味無比的泰式椰湯，實在太好喝了！從此我就迷上這道湯。這是她特製的低碳水版本，但是仍充滿那些迷人風味。

你可以用椰子胺基醬油取代溜醬油，製作無大豆版本，也可以用香菇或素雞肉來代替豆腐。

份量：4份　準備時間：10分鐘　烹調時間：20分鐘

全脂椰奶1罐（400毫升）

蔬菜高湯350毫升

低鈉溜醬油或椰子胺基醬油1大匙

辣椒醬或是拉差醬（Sriracha sauce）1小匙

蒜泥1小匙

現磨薑泥1小匙

青檸汁1顆份

板豆腐1塊（397公克）

切片紅椒50公克＋份量外裝飾用

紫包心菜絲30公克＋份量外裝飾用

配料（非必需）：

微型菜苗

香茅1枝，切片

青檸皮絲

· 將椰奶、高湯、溜醬油、美式辣醬、蒜泥、薑泥、青檸汁放入大湯鍋，以中火加熱約5分鐘，不斷攪拌使食材混合。

· 豆腐瀝乾，壓緊切成2.5公分見方小丁，放入湯裡。加入紅椒片和紫包心菜絲，蓋上鍋蓋，小火續煮15分鐘，直到紅椒和包心菜變軟。

· 離火，分裝至碗裡，即可享用。依喜好加上配料。

保存 放入密封容器，可冷藏保存4天；冷凍可保存1個月。

重新加熱 放入加蓋的湯鍋，以中小火加熱至喜歡的溫度。

營養資訊：162大卡 | 脂肪14.7公克 | 蛋白質5公克 | 總碳水4公克 | 淨碳水2.7公克

花椰菜濃湯

這道食譜起初是為了做成某種假鈴薯（假的馬鈴薯……嗯？）湯，但我決定放棄玩文字遊戲，讓白花椰菜當主角。大麻籽可提供大量蛋白質與omega-3脂肪酸，打碎後放在湯裡，讓整體口感超級柔滑。

冷壓初榨橄欖油2大匙（30毫升）

白花椰400公克，切小朵

蔬菜高湯720毫升

去殼大麻籽120公克

營養酵母20公克

新鮮細香蔥1大匙，切碎

建議配料：

額外的切碎細香蔥或蔥花（只取綠色部分）

德式酸菜

現磨黑胡椒

卡宴辣椒粉1小撮

份量：4份　準備時間：5分鐘　烹調時間：20分鐘

· 將油倒入大湯鍋，以中火加熱。放入花椰菜煮5分鐘，不時翻動，直到花椰菜開始軟化。

· 倒入高湯，繼續煮至花椰菜變軟，可以輕鬆以刀尖刺穿。

· 小心將湯倒入耐高溫的高功率果汁機，加入大麻籽、營養酵母和細香蔥。攪打2到3分鐘，直到整體均勻滑順。

· 分裝至碗裡，依喜好加上配料，即可享用。

保存 放入密封容器，可冷藏保存4天；冷凍可保存1個月。　*重新加熱* 放入加蓋的湯鍋，以中小火加熱至喜歡的溫度。

營養資訊：289大卡 | 脂肪20.5公克 | 蛋白質16.3公克 | 總碳水10.9公克 | 淨碳水3.8公克

羽衣甘藍溫沙拉

我居住的地方，天氣總是有點涼，在較冷的月份，我根本不想吃剛從冰箱拿出來的沙拉。這道溫沙拉最適合這種冷颼颼的春天，製作簡單，而且以食材如此少的沙拉來說，味道意外的豐富。

我常常使用榛果來製作這道沙拉，如果你不吃堅果，用葵花籽或南瓜籽也可輕鬆取代。

簡易芥末油醋（184頁）60毫升，分2份
切碎的羽衣甘藍64公克
櫻桃蘿蔔56公克，切去根鬚、刨片
生的或烤過的榛果或胡桃30公克，切碎
現磨黑胡椒

份量：2份　準備時間：8分鐘（不含製作沙拉醬）
烹調時間：5分鐘

‧取2大匙（30毫升）沙拉醬放入平底鍋，以中火加熱。放入羽衣甘藍、櫻桃蘿蔔、堅果。蓋上鍋蓋煮5分鐘，期間不時翻炒，直到羽衣甘藍變扁。

‧離火，分裝成2盤。撒上現磨黑胡椒、淋上其餘沙拉醬，即可享用。

保存 放入密封容器，可冷藏保存3天。

重新加熱 放入小平底鍋，以小火加熱約5分鐘至喜歡的溫度。

營養資訊：238大卡 | 脂肪22.9公克 | 蛋白質4公克 | 總碳水6.7公克 | 淨碳水3.3公克

波特菇夏南瓜沙拉

這道佐餐沙拉很容易製作，而且非常搭配我的生酮黑豆漢堡（144頁）或任何你最愛的漢堡替代品。如果你的備餐時間較充分，不妨試試將波特菇和南瓜放入沙拉醬醃漬約15分鐘，組合沙拉。

份量：2份　準備時間：5分鐘（不含製作沙拉醬）
烹調時間：5分鐘

希臘沙拉醬（188頁）2大匙（30毫升）

夏南瓜100公克，切薄片

波特菇2大朵（直徑約15公分），切去菌摺和菌柄，切片

嫩芝麻葉40公克

生的或烤過的葵花籽2大匙（15公克）

· 將沙拉醬放入平底鍋，以中火加熱

· 放入南瓜片和波特菇，煎大約5分鐘至變軟。

· 將芝麻葉分裝成2碗，放上分成2等份的煎熟蔬菜，各撒上1大匙葵花籽。

保存 放入密封容器，可冷藏保存2天。

變化 波特菇夏南瓜熟沙拉 將芝麻葉與波特菇一起下鍋。加蓋煮約5分鐘，直到波特菇和南瓜熟透，芝麻葉變軟。分裝成2碗，撒上葵花籽即完成。

營養資訊：169大卡 | 脂肪14.2公克 | 蛋白質5.3公克 | 總碳水10.9公克 | 淨碳水5.3公克

綠色生酮均衡碗

蔬菜碗是消耗多餘葉菜及其他各種蔬菜的絕佳方法。通常這類料理包含米或穀類、蒸煮或烘烤蔬菜，以及些許堅果、種籽和/或香草植物。這道誘人美味的料理，以花椰米代替白米飯，不過，仍遵循同樣的配方，以趣味十足的擺盤方式，放入大量鮮蔬。這道蔬菜碗可以放在Instagram上分享嗎？大概不適合，不過，貼圖又有什麼樂趣呢？

這道蔬菜碗是我最喜歡的食材組合，含有大量蛋白質與豐富纖維，而且相當具有飽足感。你可以依照自己的口味，以任何喜歡的低碳水食材來取代食譜配方，搭配自己的版本！

份量：2份　準備時間：10分鐘（不含烹煮蔬菜或製作沙拉醬）

煮熟的花椰米（158頁）150公克

熟菠菜190公克

切小朵的烤青花菜100公克，適口大小

中型哈斯酪梨1個（212公克），切片

生的南瓜籽60公克

去殼大麻籽40公克

芝麻（黑白皆可）2大匙（20公克）

中東芝麻醬汁（186頁）60毫升

裝飾配料（非必需）：

青花芽菜

新鮮香菜葉

青檸角

・花椰米、菠菜、青花菜、酪梨、南瓜籽、大麻籽分成2份，分裝2碗。各撒上1大匙（10公克）芝麻和2大匙（30毫升）沙拉醬。

・依照個人喜好裝飾。

保存 將蔬菜碗與沙拉醬分別放入密封容器，可冷藏保存3天。

營養資訊：597大卡 | 脂肪47.4公克 | 蛋白質28.7公克 | 總碳水8.9公克 | 淨碳水10.7公克

塔可餅沙拉

我已經不記得如何發現可以用切碎的核桃代替絞肉（當然是經過浸泡或加熱），不過，這對我而言，真的改變了一切。在個人口味方面，核桃是我最喜愛的肉類替代品。雖然確實需要多花點時間，不過，在這道食譜中，絕對值得提前至少30分鐘將核桃泡水。我試過稍微拉長烹煮時間，但軟化效果沒有浸泡來得好。

生核桃120公克
蔬菜高湯60公克
辣椒粉1小匙
乾奧勒岡葉1小匙
孜然粉1/2小匙
大大蒜粉1/4小匙
煙燻紅椒粉1/4小匙
鹽1/4小匙
切碎的萵苣或綜合嫩葉120公克
莎莎醬60毫升
酸香酪梨美乃滋60毫升

調味配料（非必需）：
新鮮香菜葉
青檸汁

份量：2份　準備時間：8分鐘＋浸泡核桃的時間（不含製作美乃滋）
烹調時間：5分鐘

· 準備核桃：完全浸入冷水，放入冰箱浸泡一晚，或放入幾乎沸騰的熱水浸泡30分鐘。

· 製作塔可內餡：瀝乾核桃，放入果汁機或食物調理機，打碎至煮熟牛絞肉的粗細。

· 將碎核桃、高湯、調味料放入小湯鍋，以中火加熱，拌煮約5分鐘，直到高湯幾乎被完全吸收。離火，靜置冷卻5分鐘。核桃應該會完全吸收液體。

· 萵苣分裝2碗。各放上一半的塔可內餡、2大匙（30毫升）莎莎醬、2大匙（30毫升）美乃滋。依個人喜好，以香菜葉、現擠青檸汁調味。

備註　可用自己喜愛的1大匙塔可調味料取代食譜中的辛香料。加入前務必確認調味料是否含鹽！

如果手邊沒有酸香酪梨美乃滋，也可以換成墨西哥酪梨醬（gaucamole）或是原味酪梨片。

保存 食材分別放入密封容器，可冷藏保存3天。

營養資訊：505大卡 | 脂肪47.9公克 | 蛋白質11.1公克 | 總碳水15.6公克 | 淨碳水7.8公克

希臘沙拉

希臘沙拉經常是我在餐廳點菜時的首選,很容易做成純素版,而且以卡拉馬塔橄欖為主角的料理,從來不會讓我失望!加入4盎司的烘烤或炙烤豆腐或天貝,或是搭配素雞肉,就能讓這款沙拉變成一份正餐。

份量:2份
準備時間:5分鐘(不含製作沙拉醬)

新鮮嫩菠菜90公克
黃瓜片50公克
剖半小番茄30公克
卡拉瑪塔橄欖56公克
生的或烤香葵花籽30公克
希臘沙拉醬(188頁)60毫升

‧將菠菜、黃瓜、番茄、橄欖分裝成2碗,分別放上等量的葵花籽和沙拉醬。

保存 不淋沙拉醬,分別放入密封容器,可冷藏保存3天。

營養資訊:163大卡 | 脂肪18公克 | 蛋白質0.1公克 | 總碳水0.6公克 | 淨碳水0.5公克

薑蒜涼拌包心菜絲

這道包心菜絲沙拉已經成為我們家的晚餐固定班底,因為大嫂要我把配方寫下來,貼在她的冰箱上。這道配菜的食材和作法都很單純,風味卻不會遜於主菜!雖然任何時候吃都很美味,不過我認為做好放在冰箱1個小時後,待風味融合最好吃。

份量:4份　準備時間:15分鐘

沙拉醬:

低鈉溜醬油或椰子胺基醬油1大匙

烘焙芝麻油1大匙

無調味米酒醋1大匙

蒜泥1/2小匙

現磨薑泥1/2小匙

紫包心菜絲140公克

綠包心菜絲140公克

胡蘿蔔絲30公克

蔥花(只取綠色部分)20公克

芝麻2大匙

· 製作沙拉醬:將所有食材放入小調理盆攪打混合,靜置備用。

· 將2種包心菜、胡蘿蔔、蔥花、芝麻放入大沙拉碗。

· 包心菜絲上淋沙拉醬,拌勻。可依個人喜好,食用前冷藏靜置1小時,使風味融合,或立即享用。

保存　放入密封容器,可冷藏保存5天。

營養資訊:88大卡 | 脂肪6.6公克 | 蛋白質2.5公克 | 總碳水6.4公克 | 淨碳水3.9公克

地中海櫛瓜沙拉

第一次做這道料理時,我一口氣吃掉了將近一半,因為實在太好吃了!
大約10分鐘後,我老公下樓,把剩下的吃掉了。於是我立刻又做了一批
放在冰箱,以便稍後享用。

我常常取一份這道櫛瓜沙拉拌入一大碗嫩菠菜,再加入30公克葵花
籽,更添飽足感。

沙拉醬:

檸檬汁1大匙

冷壓初榨橄欖油1大匙

蒜泥1/2小匙

櫛瓜麵(179頁)一份

玻璃罐裝(浸漬鹽水)羽扇豆
83公克,瀝乾

去核黑橄欖112公克,剖半

生的或烤香葵花籽30公克

風乾番茄片10公克

份量:4份　準備時間:5分鐘(不含製作櫛瓜麵)

· 製作沙拉醬:將檸檬汁、橄欖油、蒜泥放入中型調理盆,攪
打混合。

· 加入其餘食材,與沙拉醬拌勻。

· 將沙拉靜置15分鐘,使風味融合,並讓風乾番茄吸收水
分。裝入分享盤即完成。

*保存 放入密封容器,可冷藏保存2
天。*

營養資訊:147大卡 | 脂肪10.9公克 | 蛋白質6公克 | 總碳水8.9公克 | 淨碳水5.8公克

檸檬青醬葉菜

我很樂意吃掉所有這些葉菜,而且面不改色。事實上,我在準備這款沙拉時,常常發生這種事。我喜歡變化這道菜中使用的葉菜,以增加樂趣,同時也是因為不同季節有不同的葉菜。你可以用甜菜葉、寬葉羽衣甘藍、羽衣甘藍、芥菜,或是幾乎所有種類的葉菜來製作這道料理,不過,我最推薦芥蘭菜(此處只使用葉片),比起其他蔬菜,蛋白質更高,碳水含量也較低。

份量:4份　準備時間:5分鐘(不含製作青醬)
烹調時間:10分鐘

簡易純素青醬(189頁)80毫升
檸檬1顆,榨汁、皮刨絲
芥蘭菜或任一葉菜切段160公克
鹽1/4小匙

・將青醬和檸檬汁、檸檬皮絲放入大平底鍋,以中火加熱。

・加入切好的葉菜,撒鹽。加蓋煮5分鐘,直到葉菜體積縮小一半。

・拌入青醬,使葉菜裹滿醬汁。加蓋續煮5到10分鐘,直到葉片和菜梗變軟。

・裝盤即可享用。

保存 放入密封容器,可冷藏保存3天。

重新加熱 放入小平底鍋,以小火加熱5分鐘至喜愛的溫度。

營養資訊:93大卡 | 脂肪8公克 | 蛋白質3.1公克 | 總碳水3.6公克 | 淨碳水1.2公克

黃瓜沙拉

我最愛在夏季戶外聚餐時享用這道黃瓜沙拉。清爽卻不失飽足感,而且可以輕鬆代替馬鈴薯沙拉,又不會刻意取代馬鈴薯沙拉。你可以在混合食材後立刻享用這款沙拉,不過,我認為冷藏靜置1小時,整體滋味更好。

份量:4份　準備時間:10分鐘+冷卻時間(不含製作酸奶油)

黃瓜2大根,切薄片
鹽1小匙
快速大麻籽酸奶油(185頁)120公克
新鮮蒔蘿葉10公克,切碎
壓碎的黑胡椒1/4小匙
煙燻紅椒粉,撒在沙拉上

· 取一大型調理盆,放入黃瓜片和鹽拌勻。冷藏靜置30分鐘,使黃瓜出水。

· 30分鐘後,倒掉調理盆中的多餘液體,將黃瓜片放在乾淨的廚房餐巾上。用餐巾壓乾黃瓜上的多餘水分,此時黃瓜應顯得顏色較深、略帶透明感。

· 將黃瓜倒回調理盆,加入酸奶油、蒔蘿、黑胡椒攪拌,混合均勻。

· 以保鮮膜包起,放入冰箱冷藏1小時,使風味融合。

· 將沙拉分成4等份裝盤,各撒上1小撮煙燻紅椒粉,即可享用。

保存 放入密封容器,可冷藏保存2天。

營養資訊:161大卡 | 脂肪13.4公克 | 蛋白質6.1公克 | 總碳水7.3公克 | 淨碳水4.7公克

溜醬油辣豆腐

這道辣豆腐富含蛋白質，碳水量低，絕對能為任何一餐增添些許刺激感。
除非我已經在包心菜沙拉、葉菜沙拉和蔬菜麵上撒滿大麻籽，否則通常
會加入1份（或2份）辣豆腐。

板豆腐1塊（397公克）

低鈉溜醬油或椰子胺基醬油2大匙
（30毫升）

冷壓初榨橄欖油1大匙

辣椒醬或是拉差醬1大匙

份量：4份　準備時間：10分鐘　烹調時間：25分鐘

· 烤箱預熱至177℃，烤盤或矽膠烤墊鋪烘焙紙。

· 瀝乾豆腐，壓出多餘液體。

· 豆腐縱切為二，然後再切成1.25公分的厚片。

· 取一小碗，放入溜醬油、橄欖油、美式辣醬，攪拌。每片豆
腐沾浸醬汁，放上烤盤。剩餘的醬汁刷上或淋上豆腐片。

· 烘烤25分鐘，直到邊緣變得焦脆，期間將豆腐翻面。趁熱
享用。

保存 放入密封容器，可冷藏保存4天。

重新加熱 放入預熱至150℃的烤箱，
烘烤約5分鐘，直到熱透。

營養資訊：128大卡 | 脂肪8.1公克 | 蛋白質11.2公克 | 總碳水4公克 | 淨碳水2.6公克

酸香烤球芽甘藍佐蘑菇核桃

對我來說，球芽甘藍、蘑菇和核桃是天作之合，我總是會搭配著一起食用。這些食材本身就不需要太多調味，不過，將球芽甘藍（我的好友如此稱呼它們）裹滿芥末醬汁烘烤，是輕鬆就能大大提升風味的方法。

修整剖半的球芽甘藍240公克

棕蘑菇（crimini mushrooms）192公克

生核桃30公克，隨意切碎

簡易芥末油醋（184頁）60毫升

份量：4份　準備時間：5分鐘（不含製作油醋）
烹調時間：30分鐘

· 烤箱預熱至190℃，烤盤鋪烘焙紙。

· 取一大型調理盆，放入球芽甘藍、蘑菇、核桃和醬汁混合，使整體均勻裹上油醋醬汁。在鋪烘焙紙的烤盤上攤成一層。

· 烘烤25至30分鐘，直到球芽甘藍轉為深金色且變軟，可用刀尖輕鬆刺穿。

保存 放入密封容器，可冷藏保存3天。

重新加熱 放入小平底鍋，以小火加熱約5分鐘到喜歡的溫度。

營養資訊：146大卡｜脂肪11.9公克｜蛋白質4.6公克｜總碳水7.9公克｜淨碳水4.2公克

青花菜香脆一口酥

青花菜是我最喜歡的蔬菜之一。通常我只會烘烤或蒸煮後直接原味食用，不過，有時候我也喜歡讓它變得稍微花俏一點。這道青花菜一口酥非常好吃，我的老公甚至要我為他做一批單獨想用呢。食譜附上重新加熱的方法，以防萬一，但我已經不記得上一次是何時剩下到需要放進冰箱。這道點心絕對值得你為它預留碳水額度！

中東芝麻醬64公克

低鈉溜醬油或椰子胺基醬油2大匙（30毫升）

冷壓初榨橄欖油2大匙（30毫升）

水2大匙（30毫升）

亞麻籽粉2大匙（14公克）

蒜泥1小匙

現磨薑泥1小大匙

切小朵的青花菜210公克

份量：4份　準備時間：5分鐘　烹調時間：30分鐘

· 烤箱預熱至177℃，烤盤鋪烘焙紙。

· 除了青花菜，將所有食材放入中型調理盆攪拌，混合至均勻。

· 加入青花菜攪拌，直到每一朵青花菜皆裹上調味芝麻醬。

· 將青花菜平放單層在鋪烘焙紙的烤盤上，烘烤30分鐘至金黃香脆。

保存 放入密封容器，可冷藏保存3天。

重新加熱 放入預熱至150℃的烤箱，加熱約5分鐘到熱透。

營養資訊：88大卡 | 脂肪6.6公克 | 蛋白質2.5公克 | 總碳水6.4公克 | 淨碳水3.9公克

香烤甜辣櫻桃蘿蔔

我要先澄清一件事，我並不打算將這道菜當作某種烤馬鈴薯的替代品。
這些是櫻桃蘿蔔，吃起來當然像櫻桃蘿蔔，也美味極了！但平心而論，我
認為任何裹上甜辣醬汁的食物都好吃得不得了。

低鈉溜醬油或椰子胺基醬油2大匙
（30毫升）

冷壓初榨橄欖油2大匙（30毫升）

辣椒醬或是拉差醬2小匙

顆粒狀甜味劑2小匙

櫻桃蘿蔔454公克

芝麻2大匙（20公克）

青蔥2根（只取綠色部分），切蔥花

份量：4份　準備時間：10分鐘　烹調時間：30分鐘

· 烤箱預熱至190℃，烤盤鋪烘焙紙。

· 將溜醬油、橄欖油、美式辣醬和甜味劑放入小碗，攪拌均
勻。

· 修整櫻桃蘿蔔，切成4等份，放入中型調理盆。倒入醬汁混
拌，使櫻桃蘿蔔裹滿醬汁。

· 將櫻桃蘿蔔攤放在鋪烘焙紙的烤盤上，淋上碗中所有剩餘
的醬汁。

· 烘烤30分鐘至整體變軟。拌入芝麻和蔥花。倒入分享盤，
或分裝成4盤，即可上桌享用。

保存 放入密封容器，可冷藏保存3天。

重新加熱 烤盤鋪烘焙紙，放入預熱至
150℃的烤箱，加熱約5分鐘至熱透。

備註 如果你覺得糖醇會讓胃不舒服，也可使用1/8小匙甜菊糖液來代替顆
粒狀甜味劑。

營養資訊：112大卡│脂肪9.8公克│蛋白質2.5公克│總碳水4.9公克│淨碳水2.2公克

主食

包心菜捲

沒有任何料理比包心菜捲更能令我回憶起童年時光了。每當家族聚會時，琳姑姑都會做一盤又一盤的包心菜捲，波蘭文叫做gołąbki（讀作go-WUMP-ki），我從來不記得這道菜會剩下。這是姑姑的料理的生酮版本，每次製作的時候，我都會想到她。

生的核桃120公克

綠色包心菜葉4大片（見備註）

冷壓初榨橄欖油1大匙

洋蔥末2大匙（25公克）

鹽1/2小匙

現磨黑胡椒1/4小匙

煙燻紅椒粉1/4小匙

花椰米（178頁）85公克，不需煮熟

乾燥巴西里葉1大匙

亞麻籽蛋（見182頁）

低糖蕃茄紅醬120毫升

份量：4份　準備時間：20分鐘＋浸泡堅果的時間
烹調時間：50分鐘

- 準備核桃：裝入小碗浸泡冷水，放入冰箱冷藏一夜，或浸泡接近沸騰的熱水30分鐘。

- 烤箱預熱至177℃。

- 大鍋注入水至1.25公分高。加蓋煮至微沸。放入包心菜葉，蓋上鍋蓋，蒸煮約5分鐘，至葉片變軟可折疊。

- 同時，將橄欖油倒入平底鍋，以中小火加熱。放入洋蔥、鹽、胡椒和煙燻紅椒粉，不時翻炒，直到洋蔥開始出水，變成半透明狀。加入花椰米，翻炒混合食材，轉至小火。繼續煮約10分鐘，直到花椰米變軟。

- 包心菜葉變軟後，取出鍋子瀝乾，靜置冷卻。

- 瀝乾核桃，放入果汁機或食物調理機，打碎至煮熟牛絞肉的粗細。將核桃碎粒、巴西里、亞麻籽蛋加入平底鍋中的花椰米，攪拌混合。關火。

- 包心菜葉冷卻至可操作時，小心切除葉片中央的粗梗。將粗梗切碎，拌入核桃花椰米餡料。

備註 *從包心菜底部切除菜心，然後小心剝下葉片，以取得4大片菜葉。我發現從葉片的硬梗處開始往外剝的效果很好。*

保存 *放入密封容器，可冷藏保存5天。*

重新加熱 *放入預熱至150℃的烤箱，加熱約10分鐘至熱透。*

營養資訊：254大卡 | 脂肪23.6公克 | 蛋白質6.1公克 | 總碳水9.1公克 | 淨碳水5.3公克

· 將包心菜葉平鋪在乾淨的工作檯上,用湯匙挖取1/4核桃餡料,放在葉片上方,呈長條型,確保兩側預留至少1.25公分的空間,以便捲起。從葉片上方開始,沿著餡料周圍折起葉片,然後用剩下的葉片包緊餡料。菜捲邊緣朝下,放入1.5公升的深烤盤。將剩餘的葉片和餡料重複上述步驟,總共製作4捲。

· 將番茄紅醬淋在菜捲上,烘烤30分鐘,直到邊緣的醬汁顏色變深,並開始冒泡。

泰式炒海藻麵

當非常想吃外送食物時，這道料理就是我會做給自己的療癒食物之一。海帶麵不僅提供超過50%的碘的每日建議攝取量，鈣含量更超過20%的DRI（國人膳食營養素參考攝取量）。若要為這道料理增加蛋白質，每份泰式炒海藻麵加入一份香辣溜醬油豆腐（126頁）即可。

海藻麵1包（340公克），瀝乾

醬汁：
無糖柔滑杏仁醬2大匙（32公克）
低鈉溜醬油或椰子胺基醬油1大匙
烘焙芝麻油1大匙
水1大匙
大蒜1瓣，壓泥
芝麻2大匙（20公克）
生南瓜籽30公克

佐料：
胡蘿蔔絲1大匙
青蔥2根（只取綠色部分），切蔥花
芝麻2小匙

份量：2份
準備時間：10分鐘＋麵條浸泡醬汁軟化的時間（非必須）

・將海藻麵放入瀝水籃。徹底沖洗後，靜置瀝乾。

・將所有醬汁材料放入調理盆，攪打均勻。

・輕輕拍乾海藻麵後，放入醬汁盆。翻拌醬汁與海藻麵，靜置20分鐘，讓麵條吸收醬汁，使其軟化。若偏愛脆硬口感，可跳過此步驟。

・將南瓜籽拌入海藻麵，然後將麵條分裝成2盤或2碗。放上胡蘿蔔、蔥花和芝麻即完成。

保存 放入密封容器，可冷藏保存2天。

營養資訊：338大卡｜脂肪30.2公克｜蛋白質10.6公克｜總碳水14公克｜淨碳水7.9公克

生酮酥皮派

溫暖豐富又有飽腹感，這道酥皮派最適合在寒冷的日子享用。

我喜歡自製堅果粉以省點小錢。你也可以輕鬆自製堅果粉，只要將完整堅果放進食物調理機或高功率果汁機打碎即可。堅果粉的詳細製作與保存指示，請見176頁。

酥皮：

極細去皮杏仁粉112公克

洋車前子殼1大匙（5公克）

鹽1小撮

水2大匙（30毫升）

內餡：

去殼大麻籽80公克

玻璃罐裝（浸漬鹽水）羽扇豆80公克，瀝乾

蔬菜高湯180毫升

冷壓初榨橄欖油2大匙（30毫升）

營養酵母20公克

美味綜合香草植物（175頁）或任一烤雞香草調味料1大匙

切碎的新鮮菠菜112公克

切小朵的青花菜90公克，新鮮或冷凍皆可，冷凍品須先解凍

罐頭青菠蘿蜜丁（浸漬鹽水）70公克，瀝乾切碎

份量：4份　準備時間：20分鐘　烹調時間：30分鐘

- 烤箱預熱至177℃。手邊準備一個1-1.5公升的深烤盤。

- 製作酥皮：將杏仁粉、洋車前子殼、鹽混合。加入水攪拌成麵糰後揉勻，接著，放在兩張烘焙紙之間，　至比使用的烤盤頂部略大。

- 製作內餡：將大麻籽、羽扇豆、高湯、橄欖油放入高功率果汁機或食物調理機，攪打約2分鐘至濃郁柔滑。如果內餡仍有點顆粒感，繼續攪打就對了！

- 關掉果汁機，加入營養酵母和香草調味料。使用瞬轉功能分數次混合，以免香草被完全打碎。

- 將菠菜、青花菜、菠蘿蜜放入大調理盆。將果汁機裡的餡料倒在蔬菜上，接著攪拌混合。舀起餡料，放入深烤盤。

- 撕除酥皮上方的烘焙紙，小心地將酥皮翻面，倒扣蓋在烤盤上。取下另一面的烘焙紙，沿著烤盤邊緣壓緊，並捏出紋路封起。去除任何超出烤盤邊緣的酥皮，將之壓在可見的裂縫上。酥皮頂部切4道2.5公分長的切口，以便排出蒸汽。

- 烤至酥皮顏色均勻、質地硬實，若使用1.5公升烤盤，烘烤25分鐘；1公升烤盤則烤30分鐘。酥皮派出爐，靜置冷卻20分鐘，即可享用。

營養資訊：480大卡｜脂肪34.2公克｜蛋白質22.9公克｜總碳水24.7公克｜淨碳水6.3公克

保存 保鮮膜包起後，可冷藏保存4天。

重新加熱 放入預熱至150℃的烤箱，加熱15分鐘至熱透。

祕訣 雖然酥皮很容易操作，不過，務必將麵糰放在兩張蠟紙或烘焙紙之間擀開。不使用烘焙紙的話，麵糰會黏在工作檯和擀麵棍上。

韓式烤肉塔可餅

這道塔可餅的靈感來自其中一個備餐便當訂閱內容，原本是免費的韓式烤肉牛肉塔可餅食譜卡。經過幾次（相當重要的）調整，以及許多嘗試和錯誤，我最愛的晚餐食譜之一就此誕生。通常我很難耐著性子為食譜浸泡堅果，但這道食譜真的很值得。如果你手邊沒有一大堆亞麻籽墨西哥薄餅，我建議在堅果快泡好的時候製作一些。

  份量：塔可餅6小個（每份2個）
準備時間：15分鐘＋浸泡堅果的時間（不含製作墨西哥薄餅或美乃滋）　烹調時間：5分鐘

內餡：

生核桃120公克

醬汁：

低鈉溜醬油或椰子胺基醬油60毫升

烘配芝麻油1大匙

辣椒醬或是拉差醬1小匙

磨碎的新鮮生薑1小匙

大蒜2瓣，切蒜末

甜菊糖液數滴（非必需）

亞麻籽墨西哥薄餅食譜1份（180頁），或任意低碳墨西哥薄餅6小張

配料：

紫包心菜絲20公克

蔥花（只取綠色部分）3大匙（15公克）

芝麻1小匙

酸香酪梨美乃滋（183頁）3大匙（45毫升）

· 準備核桃：完全浸入冷水中，放入冰箱浸泡一晚，或是以幾乎沸騰的熱水浸泡30分鐘。

· 製作塔可內餡：瀝乾核桃，放入果汁機或食物調理機，打碎至煮熟牛絞肉的粗細。

· 取一小調理盆，放入醬汁材料攪拌。

· 將打碎的核桃放入大平底鍋，以中小火加熱，倒入醬汁。煎煮約5分鐘，大約每分鐘晃動一下核桃，直到醬汁幾乎完全收乾。

· 組裝塔可餅：每片薄餅上放約30公克核桃餡料，然後分別放上份量相等的包心菜絲、蔥花、芝麻和酪梨美乃滋。

保存 將材料分別放入密封容器，可冷藏保存3天。剩下的塔可餅，冷食最佳。

營養資訊：560大卡 | 脂肪50.8公克 | 蛋白質15.2公克 | 總碳水19.5公克 | 淨碳水5.3公克

墨西哥辣豆醬

我最常收到的食譜要求，就是可以一次準備一大批的慢燉鍋晚餐。我懂，有時候就是只想準備一種食物，當作一整個禮拜的上班午餐。簡單又風味十足的墨西哥辣豆醬，就是我製作整批一週料理的最愛。通常我會用來搭配切碎的菠菜，不過，淋在一碗花椰米上也很美味。

份量：6份　準備時間：10分鐘　烹調時間：30分鐘到6小時

黑豆2罐（15盎司/425公克），瀝乾並沖洗去黏液

切片西洋芹2杯（200公克）

低糖番茄紅醬240毫升

蔬菜高湯240毫升

切碎生核桃120公克

蒜泥2小匙

辣椒粉2大匙（10公克）

洋蔥粉1小匙

裝盤：

切碎的新鮮菠菜180公克

青蔥（只取綠色部分）2根，切蔥花

· 使用慢燉鍋製作：將所有辣豆醬食材放入慢燉鍋。加蓋，以低溫煮6小時，或以高溫煮約3小時，直到芹菜軟爛，核桃變軟。

· 或使用爐具製作：將所有辣豆醬食材放入中等大小的燉鍋或荷蘭鍋，以中火加熱，加蓋，煮約30分鐘，直到芹菜軟爛，核桃變軟。

· 每個碗放30公克切碎菠菜，淋上辣豆醬，撒上蔥花即完成。

保存 將辣豆醬和菠菜分別放入密封容器冷藏保存。辣豆醬可保存1週。

重新加熱 以微波爐加熱單份至熱透。

營養資訊：305大卡 | 脂肪21.5公克 | 蛋白質16.8公克 | 總碳水16.8公克 | 淨碳水5.1公克

豆泥三明治

這款餡料與其說是「壓碎」的豆泥,更像是食物調理機「打碎」的豆泥,不過,「壓碎」聽起來比較有趣,所以就這樣稱呼它吧。這款三明治極具飽足感,蛋白質含量也相當高。

有時候,我有點發懶,不想花力氣自製美乃滋(或清洗果汁機)時,我會買純素的墨西哥醃燻辣椒美乃滋,用來代替酸香酪梨美乃滋。我非常推薦這款美乃滋。

玻璃罐裝(浸漬鹽水)羽扇豆166公克,瀝乾

切片西洋芹50公克

酸香酪梨美乃滋(183頁)或任一純素美乃滋120毫升

現成黃芥末2大匙(30毫升)

種籽麵包(74頁)8薄片

非必需配料:
醃黃瓜
萵苣

份量:4個三明治(每份1個)
準備時間:10分鐘(不含製作美乃滋或麵包)

· 將黑豆和芹菜放入果汁機或食物調理機,瞬轉攪打10次,直到充分攪碎。

· 將芹菜豆泥倒入小調理盆,加入美乃滋和芥末。攪拌至食材充分混合。

· 製作三明治:麵包上放1/4份豆泥,擺上酸黃瓜和萵苣(依個人喜好),蓋上另一片麵包即完成。

保存 將豆泥、麵包和配料分別冷藏保存。豆泥可保存1天。

營養資訊:336大卡 | 脂肪25.5公克 | 蛋白質17.6公克 | 總碳水13.5公克 | 淨碳水6.5公克

黑豆漢堡

雖然市面上有許多漢堡排替代品，不過，有必要時刻能夠自製低碳水版本也很不錯。我最喜歡以德式酸菜、醃黃瓜和芥末搭配這款漢堡排。我也常選擇用幾片萵苣葉包住漢堡排，取代漢堡麵包。

無鹽黑豆1罐（425公克），瀝乾沖淨

奇亞籽40公克，磨碎

大蒜粉1小匙

乾燥洋蔥片1大匙

現成黃芥末3大匙（45毫升）

鹽1/4小匙

萵苣葉，裝盤用

非必需配料：

醃黃瓜片

德式酸菜

芥末籽醬

份量：4個漢堡（每份1個）
準備時間：5分鐘　烹調時間：45分鐘

· 烤箱預熱至177℃，烤盤鋪烘焙紙。

· 將所有漢堡排食材放入果汁機或食物調理機，攪打至充分混合。若殘留較大塊的黑豆顆粒也沒關係！

· 豆泥整理成8份肉排狀，約為直徑7.5公分，厚1.25公分，放上鋪烘焙紙的烤盤。

· 烘烤45分鐘，烤至一半時翻面。烤好時，觸感會變得紮實。

· 搭配萵苣葉裝盤，依照喜好放上配料。

變化 香辣黑豆漢堡。以60毫升莎莎醬取代市售黃芥末，並在豆泥中加入1大匙辣椒粉。

保存 漢堡排可冷藏保存3天，密封可冷凍保存1個月。

重新加熱 放入預熱至150℃的烤箱，加熱5分鐘至熱透。

營養資訊：148大卡 | 脂肪7.8公克 | 蛋白質10.4公克 | 總碳水11.7公克 | 淨碳水1.2公克

大麻籽素雞塊

你知道那種沒來由的荒謬念頭嗎？這款雞塊就是這樣誕生的。某天正在超市閒逛素肉，感嘆世界上竟然沒有無麩質低碳水的純素雞塊時，我發現這就是我必須自己想辦法做出來的食物。經過多次試驗與錯誤，這些小壞蛋終於從烤箱出爐，帶著滿滿蛋白質、omega-3脂肪酸，而且非常美味。

我最愛的素雞塊沾醬是芥末籽醬，不過，搭配純素田園沙拉醬或是我的中東芝麻醬汁（186頁）也很好吃。

去殼大麻籽120公克

蔬菜高湯120毫升

營養酵母2大匙（10公克）

美味綜合香草（175頁）1大匙或任一烤雞綜合香料

鹽1/4小匙

黑胡椒粉1/4小匙

洋車前子殼2大匙（10公克）

無調味豌豆蛋白粉或任一無調味純素蛋白粉2大匙（14公克）

份量：9個雞塊（每份3個）
準備時間：10分鐘　烹調時間：20分鐘

·烤箱預熱至177℃，烤盤鋪烘焙紙。

·將大麻籽、高湯、營養酵母、綜合香料、鹽含胡椒放入果汁機或食物調理機攪打。混料倒進小碗，加入洋車前子殼和蛋白粉混合均勻，使整體變成黏稠的麵糰狀。

·雙手沾濕，將麵糰整成9個雞塊造型，每個約2大匙（30公克），放到鋪烘焙紙的烤盤上。

·烘烤20分鐘，中途翻面，烤至觸感變得紮實，表面和底部轉為淡金色。

祕訣 塑形前沾濕雙手，可防雞塊麵糰黏手。

保存 漢堡排可冷藏保存3天，密封可冷凍保存1個月。

重新加熱 放入預熱至150℃的烤箱，加熱5分鐘至熱透。

營養資訊：276大卡 | 脂肪20.2公克 | 蛋白質19.5公克 | 總碳水8.8公克 | 淨碳水3.4公克

焗烤花椰菜

焗烤花椰菜聽起來真的很無聊,不過,其實這是我在家最常做的食譜之一,輕輕鬆鬆就能完成,而且含有大量蛋白質。如果你吃膩了白花椰菜,也不介意多吃一點碳水,那麼,我非常推薦偶爾也用青花菜來製作這道料理。

份量:4份　準備時間:5分鐘(不含製作醬汁)
烹調時間:35分鐘

大麻籽義式白醬1份(190頁)
白花椰菜600公克,切小朵
生南瓜籽60公克
現磨黑胡椒適量
青蔥2根(只取綠色部分),切蔥花

· 烤箱預熱至190℃,33x23公分的烤盤塗油防沾。

· 取一大調理盆,放入醬汁、白花椰菜、南瓜籽,混合,倒入塗油的烤盤,以黑胡椒調味。

· 烘烤35分鐘,直到白花椰菜變軟,頂部開始轉為深金色。

保存 放入密封容器可冷藏保存3天,冷凍可保存1個月。

重新加熱 放入預熱至150℃的烤箱,加熱10至15分鐘(冷凍則需25至30分鐘)至熱透。

營養資訊:422大卡 | 脂肪26公克 | 蛋白質30.5公克 | 總碳水20公克 | 淨碳水7公克

櫛瓜波隆那肉醬麵

你知道那種晚上實在累到不想花費超過15分鐘準備晚餐的感覺吧？這道超簡單的純素生酮版本波隆那義大利麵，就是為這種時刻而生的。

橄欖油2大匙（30毫升）

天貝1包（226公克）

低糖番茄紅醬160毫升

櫛瓜麵（179頁）1份，煮熟

純素帕瑪乳酪粉（191頁）2大匙（14公克）

現磨黑胡椒

羅勒葉切細，裝飾用（非必需）

份量：2份　準備時間：5分鐘（不含製作櫛瓜麵或乳酪粉）
烹調時間：5分鐘

· 將橄欖油放入中型平底鍋，加蓋，以中火加熱。用手捏碎天貝，放入平底鍋。倒入番茄紅醬攪拌。

· 蓋上鍋蓋煮約5分鐘，直到天貝熱透。離火。

· 櫛瓜麵分成2等份裝碗，各放一半的天貝醬汁混料。各撒1大匙純素帕瑪乳酪粉，撒上現磨黑胡椒。依照個人喜好，以新鮮羅勒裝飾。

保存 可密封冷藏保存2天。

重新加熱 放入中型平底鍋，以中小火加熱，加蓋煮約5分鐘，或煮到整體熱透。

營養資訊：455大卡 | 脂肪35公克 | 蛋白質26.2公克 | 總碳水15.8公克 | 淨碳水9.9公克

櫛瓜白醬寬麵

這道快速簡單的正餐富含纖維、omega-3脂肪酸、蛋白質,而且(最重要的是)非常美味。我喜歡加上純素帕瑪乳酪粉或營養酵母,增添風味,並添加維生素B群和更多蛋白質。

份量:1份 準備時間:2分鐘(不含製作櫛瓜麵、醬汁或乳酪粉)
烹調時間:5分鐘

櫛瓜麵(179頁)150公克
大麻籽義式白醬(190頁)80毫升
新鮮菠菜30公克,切碎

建議配料:

純素帕瑪乳酪粉(191頁)或營養酵母

現磨黑胡椒

切碎的新鮮羅勒或巴西里

將櫛瓜麵、醬汁和菠菜放入中型平底鍋,以中小火加熱,拌炒至麵條和菠菜裹滿醬汁。蓋上鍋蓋煮5分鐘,直到麵條變軟,醬汁熱透。裝入餐碗,撒上喜愛的配料即可。

變化 菠菜生櫛瓜寬麵
將所有食材放入大調理盆拌勻,裝入餐盤或餐碗,撒上喜愛的配料即可。

保存 密封可冷藏保存2天。

重新加熱 可冷食,或放入中型平底鍋,以中火加熱5分鐘至熱透。

營養資訊(不含配料):320大卡 | 脂肪18.9公克 | 蛋白質24公克 | 總碳水15公克 | 淨碳水4.8公克

水牛城菠蘿蜜塔可餅

對於本書（以及我每天為自己準備）的許多食譜，我總是先思考各種要加入的營養豐富的蔬菜。不過，這道並不是。設計出這道料理，純碎是因為我想來點好吃的。儘管如此，這款塔可餅仍含有大量纖維、蛋白質與omega-3脂肪酸，不算太垃圾食物。

這道塔可餅單吃就很美味，不過，搭配純素田園沙拉醬或「藍乳酪」醬汁也很棒。我知道，「純素藍乳酪」，我們真是生對時代了！

份量：6個塔可餅（每份3個）
準備時間：5分鐘（不含製作奶油抹醬或墨西哥薄餅）　烹調時間：12分鐘

生酮奶油抹醬（187頁）或任一純素奶油替代品2大匙（28公克）

美式辣醬60毫升

青菠蘿蜜280公克，瀝乾

亞麻籽墨西哥薄餅（180頁）1份

切片西洋芹50公克

青蔥2根（只取綠色部分），切蔥花

· 將奶油抹醬和美式辣醬放入小平底鍋，以中火加熱至融化。加入菠蘿蜜。

· 用叉子壓碎菠蘿蜜，並撕開較大塊的果肉，整體應接近肉絲狀。基本上，弄成類似雞肉絲的樣子就對了。

· 倒入醬汁攪拌，使菠蘿蜜裹滿醬汁。續煮10分鐘，直到菠蘿蜜吸收所有醬汁。

· 裝盤：菠蘿蜜分成6等份，放在6片墨西哥薄餅上。擺上西洋芹和蔥花。

保存 將菠蘿蜜混料獨立裝入密封容器冷藏。菠蘿蜜混料可保存3天。剩下的份量最好冷食。

營養資訊：432大卡 | 脂肪31.8公克 | 蛋白質11.2公克 | 總碳水29.1公克 | 淨碳水5.4公克

飲品與甜點

氣泡薑汁青檸水

這款清新爽口的無酒精飲料,靈感來自我最愛的歡樂時光調酒:莫斯科騾子。氣泡漿汁青檸水與沙拉很合拍,而且最適合在酷暑天啜飲。如果想要花俏一點,不妨以青檸片、鮮薑和薄荷枝裝飾飲料。

份量:300毫升4杯　準備時間:10分鐘

青檸汁60毫升

現磨薑泥2小匙

原味賽爾脫茲氣泡水(seltzer water)1瓶(1公升)

甜菊糖液3、4滴(非必需)

冰塊,裝杯用

裝飾(非必需):

青檸4片

薑片4片

新鮮薄荷4枝

· 取一個容量1公升的水瓶,放入青檸汁和薑泥,攪拌均勻。

· 倒入賽爾脫茲氣泡水。若使用甜菊糖液,滴入後攪拌混合。

· 將青檸水分裝倒入玻璃杯。視個人喜好,可用青檸片、薑片和薄荷枝裝飾飲料。

備註　由於使用賽爾脫茲氣泡水,這款飲料最好現調現喝。

營養資訊:5大卡 | 脂肪0公克 | 蛋白質0公克 | 總碳水1.7公克 | 淨碳水1.6公克

黑莓檸檬水

我很常為自己準備懶人「生酮檸檬水」，材料只有檸檬汁、水，有時候會加入甜菊糖液。想要對自己好一點時，我就會調製一大堆這款黑莓檸檬水。淡淡甜味中帶有酸香，也是偷渡額外抗氧化物質的絕佳方式。這道配方也非常適合搭配覆盆子！

份量：300毫升4杯　準備時間：10分鐘

黑莓70公克
檸檬汁60毫升
水1公升，分2份
甜菊糖液4、5滴（非必需）
冰塊，裝杯用

裝飾（非必需）：
檸檬8片
黑莓8顆
新鮮薄荷4枝

· 將黑莓和檸檬汁放入果汁機，加入240毫升的水，攪打約10秒，萃取出黑莓汁液。
· 將黑莓檸檬汁過篩倒入水瓶，然後放入其餘750毫升的水，若使用甜菊糖液，也在此時加入，攪拌均勻。
· 300毫升的玻璃杯放滿冰塊。
· 將檸檬水倒入杯中。視個人喜好，每杯放入2片檸檬、2顆黑莓和1枝薄荷裝飾。

保存　裝入密封容器，與裝飾配料分開存放，可保存3天。

營養資訊：6大卡 | 脂肪0.1公克 | 蛋白質0.1公克 | 總碳水1.7公克 | 淨碳水1.6公克

椰子抹茶拿鐵

以前，一邊打工當吧檯手，同時研讀營養學，當時我初次品嚐抹茶，一試成主顧。那時候，防彈咖啡越來越主流，因此抹茶拿鐵自然也被改良成生酮友善的版本。

抹茶分成兩大等級，分別是茶道用和料理用。茶道等級的抹茶價格不菲，所以我只使用料理級抹茶，尤其因為我喜歡將抹茶與各種食材搭配，這麼做會壓過茶道級抹茶的細緻風味。

豌豆奶或任一植物奶360毫升，分裝

抹茶粉2圓小匙＋份量外裝飾用

全脂椰奶1罐（400毫升）

香草精1 1/2小匙

甜菊糖液10滴

份量：240毫升4杯份
準備時間：5分鐘　烹調時間：5分鐘

· 取一小調理盆，放入60毫升豌豆奶與抹茶粉，攪打至滑順無結塊。

· 將抹茶奶液與其餘的300毫升豌豆奶和椰奶倒入小湯鍋。攪拌均勻，以中火煮至微沸。

· 湯鍋離火，拌入香草精和甜菊糖液。倒入茶杯，撒少許抹茶粉，即可享用。

保存 裝入密封罐冷藏，可保存5天。

重新加熱 將抹茶奶放入湯鍋，以中火加熱至微沸，期間不停攪拌。

備註 可用薄荷精或覆盆子精代替香草精，變化出完全不同的風味。

營養資訊：183大卡 | 脂肪15.5公克 | 蛋白質4.9公克 | 總碳水3.3公克 | 淨碳水3.3公克

生酮南瓜香料拿鐵

每年秋天我都會被各式南瓜香料拿鐵的廣告淹沒。每到秋天,我都會受到深深誘惑,很想大喝一杯這些甜滋滋的高糖熱飲。因此,我設計出了這道自製版本,以營養更豐富的方式滿足渴望。這是傳統拿鐵嗎?當然不是,不過,它確實滿足了我心中的渴望,而且富含蛋白質呢!

手沖咖啡240毫升

全脂椰奶80毫升

南瓜泥2大匙(30公克)

豌豆蛋白粉或任一植物蛋白粉2大匙(14公克)

印度奶茶綜合香料(173頁)或肉桂粉1小匙

肉桂粉適量,裝飾用

份量:1份(約350毫升)
準備時間:3分鐘　烹調時間:5分鐘

・將所有材料放入小湯鍋,以小火加熱約5分鐘,期間不時攪打,直到達到想要的溫度。

・將拿鐵小心倒入馬克杯,撒少許肉桂粉,即可享用。

祕訣 剩下的南瓜泥可放入冰塊盒冷凍,每格放2大匙份,方便未來取用製作拿鐵。用來製作冰涼南瓜香料拿鐵的效果特別好。

變化 冰涼南瓜香料拿鐵 品脫杯或玻璃罐(475毫升)裝滿冰塊。使用果汁機攪打南瓜香料拿鐵的材料,倒入冰塊杯中即完成。

營養資訊:199大卡 | 脂肪13.6公克 | 蛋白質12.6公克 | 總碳水5.6公克 | 淨碳水3.5公克

金黃印度香料蛋白奶昔

這道具有抗發炎效果的高蛋白果昔，最適合當作健身前後的點心。

薑黃素是薑黃中備受研究的抗發炎化合物，搭配黑胡椒中含的化合物胡椒鹼，一同攝取，吸收效果最佳。若使用不含黑胡椒的市售印度奶茶綜合香料，不妨在果汁機中加入幾顆黑胡椒粒，與其他辛香料一起打碎。

豌豆奶或任一植物奶480毫升

中型哈斯酪梨1顆（212公克），去皮去核

豌豆蛋白粉或任一植物蛋白粉28公克

印度奶茶綜合香料（173頁）1 1/2小匙＋份量外裝飾用

薑黃粉1小匙

甜菊糖液1/8小匙

份量：300毫升裝2份　準備時間：3分鐘

・將所有材料放入果汁機，攪打30到60秒至完全滑順。

・將果昔倒入2個玻璃杯或玻璃罐，撒上印度奶茶香料，即可享用！

保存 裝入密封罐，可冷藏保存2天。

營養資訊：250大卡 | 脂肪15.9公克 | 蛋白質21.6公克 | 總碳水9.5公克 | 淨碳水3.1公克

暖陽蔬果昔

晚春和初夏時節，天氣真的很暖和的時候，我會更常享用果昔。這是不需開火就能攝取蛋白質和綠色蔬菜的絕佳方式。這份配方是我最愛的蔬果昔，其中含有來自原型食物的大量蛋白質與omega-3脂肪酸。除此之外，它實在太好喝了！

我有點怪，因為我不太喜歡冰冷的食物，因此這道蔬果昔中沒有冰塊，不過，你喜歡的話，可以在果汁機中加入少許冰塊攪打，讓蔬果昔更沁涼。

水或任一植物奶240毫升

新鮮菠菜60公克

去殼大麻籽40公克

磨碎的亞麻籽14公克

新鮮薄荷葉1大匙

檸檬汁1大匙

香草精1/4小匙

冰塊（非必需）

新鮮薄荷枝，裝飾用（非必需）

份量：475毫升裝1份　準備時間：5分鐘

· 將所有食材放入果汁機，攪打2到3分鐘至完全滑順。倒入品脫杯或玻璃罐（容量475毫升）飲用。視個人喜好，以新鮮薄荷枝裝飾。

備註　如果你不喜歡檸檬口味，可以用青檸汁或1/2小匙的覆盆子精或薄荷精代替。

祕訣　一位友人用以下小技巧來製作冰涼綠果昔：將大把菠菜放入果汁機打碎，倒入製冰盒。結凍後，將菠菜泥冰塊裝入夾鏈袋，就能隨時視需要取用，製作蔬果昔。

營養資訊：322大卡 | 脂肪23.5公克 | 蛋白質17.7公克 | 總碳水11.5公克 | 淨碳水2.2公克

巧克力杏仁醬杯子蛋糕

這是意外做出的食譜之一，原本我想做巧克力鬆餅，不過，顯然麵糊更適合做成杯子蛋糕。我很想稱它們為「布朗尼蛋糕」，因為這款杯子蛋糕的口感濃厚香醇，有點像蛋糕造型的布朗尼。每週我至少會做一次這款杯子蛋糕，作法非常簡單，而且搭配一杯椰奶，再完美不過！

你可以使用中東芝麻醬或葵花籽醬來取代杏仁醬，並以椰奶取代杏仁奶，做成無堅果杯子蛋糕。

杯子蛋糕：

無糖滑順杏仁醬64公克，室溫

無糖杏仁奶或任一植物奶60毫升

顆粒狀甜味劑2大匙（24公克）

亞麻籽粉2大匙（14公克）

可可粉2大匙（20公克）

泡打粉1/2小匙

糖霜：

椰子奶油（見備註）80公克

無糖滑順杏仁醬1大匙，室溫

份量：杯子蛋糕4個（每份1個）
準備時間：15分鐘　烹調時間：30分鐘

- 烤箱預熱至177℃。4格標準尺寸瑪芬多連模鋪烘焙紙，或使用標準尺寸矽膠瑪芬多連模。

- 取一小調理盆，放入杏仁醬和杏仁奶，攪拌至混合均勻滑順。拌入甜味劑和亞麻籽粉，靜置備用。

- 另取一個調理盆，放入可可粉和泡打粉，混合均勻。

- 將乾料翻拌混入濕料，然後繼續攪拌至沒有結塊。

- 將麵糊分成4等份，倒入鋪烘焙紙的瑪芬多連模（或矽膠瑪芬多連模），每格填裝至7分滿。烘烤30分鐘，或烤至觸感變得紮實。

- 蛋糕出爐，留在模具內靜置冷卻至少20分鐘，使杯子蛋糕定型。脫模，待杯子蛋糕完全冷卻後才塗糖霜。

- 製作糖霜：將椰子奶油放入小調理盆，拌入杏仁醬。

- 杯子蛋糕完全冷卻後，抹上糖霜，即可享用。

保存 將這些杯子蛋糕放入有蓋容器，可在室溫下保存2天（沒有糖霜可保存3天）。或是放入密封容器，可冷藏保存5天。

備註 取得椰子奶油：將全脂椰奶罐頭放入冰箱冷藏至少4小時，使其冷卻。打開罐頭，挖出浮在罐頭上方1/3處的濃稠固態的「奶油」。1個罐頭可以取得約240公克奶油。倒掉罐頭中的液體，或是用來製作果昔。將取得的奶油放入密封容器，可冷藏保存3天。

營養資訊：183大卡｜脂肪16公克｜蛋白質6.1公克｜總碳水14.5公克｜淨碳水3.5公克

生酮黑豆布朗尼

還記得第一次嚐到黑豆布朗尼時的喜悅嗎？那是豆子製成的布朗尼，而且非常好吃。這種布朗尼近乎完美，唯一的小缺點，就是含量驚人的糖和碳水。這份食譜中的布朗尼是以黑豆製作的，而且不含糖，使用顆粒狀甜味劑代替，因此不會使血糖飆升，這就是魚與熊掌兼得！

無鹽黑豆1罐（425公克），瀝乾洗淨

中東芝麻醬132公克，室溫

可可粉40公克

顆粒狀甜味劑48公克

香草精1小匙

泡打粉1/2小匙

鹽1/4小匙

份量：布朗尼9個（每份1個）
準備時間：5分鐘　烹調時間：40分鐘

· 烤箱預熱至177℃。邊長20公分的正方型烤盤鋪烘焙紙。相對的兩側多留至少5公分烘焙紙，幫助稍後脫模。

· 將所有食材放入果汁機或食物調理機，攪打約90秒至滑順。

· 麵糊會濃稠到難以傾倒，但能夠輕鬆鋪平。舀出麵糊，倒入鋪烘焙紙的烤盤，攤平至厚薄均勻。

· 烘烤40分鐘，直到上方觸感變得紮實，用牙籤刺入中心，拉出時不沾黏。

· 蛋糕出爐，留在烤盤內冷卻至少5分鐘再脫模。脫模時，抓住兩側預留的烘焙紙，輕輕提起布朗尼，移出烤盤。待完全冷卻後即可切片享用。

保存　放入密封容器，可在室溫下保存3天，或冷藏保存5天。

重新加熱　這款布朗尼冷吃就很可口，不過，放入預熱至150℃的烤箱，加熱5分鐘，熱呼呼的也很美味。

營養資訊：115大卡 | 脂肪8.9公克 | 蛋白質5.8公克 | 總碳水12.2公克 | 淨碳水2.8公克

巧克力生酮純素冰淇淋

還在吃高碳水純素飲食時，由香蕉製成的純素冰淇淋曾經是常備品。開始生酮飲食後，我發現純素冰淇淋是必須捨棄的美食之一。雖然市面上有些好吃的低碳水純素冰淇淋可供選擇，但並不是隨處可買到。

這份食譜可以做出香濃柔滑的純素冰淇淋，而且不需要冰淇淋機。此外，這款純素冰淇淋還富含健康脂肪與其他微量元素。所以，基本上，這算健康食品，對吧⋯⋯

椰子奶油（見162頁備註）240公克
中型哈斯酪梨1顆（212公克），去皮去核
可可粉40公克
甜味劑48公克，打成粉狀
香草精1小匙

建議配料：
烤過的無糖椰子片
可可豆碎粒

份量：約440公克（4份）
準備時間：5分鐘＋冷凍的時間

・將所有食材放入果汁機或食物調理機，攪打約90秒至滑順。

・混料倒入密封容器，冷凍4至6小時，直到質地緊實，可用冰淇淋勺挖球。

・盛裝，即可享用，視個人喜好，可搭配椰子片和/或可可豆碎粒。

保存 放入密封容器，可冷凍保存2週。

軟化 純素冰淇淋冷凍後相當硬。如果冷凍超過6小時，食用前可能需要放在流理台上約半小時，使其變軟。

祕訣 如果你有超強力果汁機，可在攪打所有食材前，先將酪梨切丁冷凍。如此就能做出純素霜淇淋，可以立即享用！

營養資訊：172大卡 | 脂肪16.3公克 | 蛋白質2.2公克 | 總碳水20.1公克 | 淨碳水3.8公克

肉桂糖餅乾

如果一定要選出最喜歡的餅乾，那麼，肉桂糖餅乾就是（目前為止）冠軍。香濃可口的肉桂風味，有誰不愛呢？這款肉桂糖餅乾的作法迅速，絕對可以滿足肉桂風味甜點的需求。這些餅乾略帶嚼勁，很適合搭配一杯咖啡。

亞麻籽粉28公克

肉桂粉1小匙＋視個人喜好的份量撒粉

泡打粉1/2小匙

無糖滑順杏仁醬128公克，室溫

亞麻籽蛋（182頁）2個

無糖椰奶或任一植物奶30毫升

顆粒狀甜味劑48公克

香草精1小匙

份量：餅乾10個（每份1個）
準備時間：10分鐘　烹調時間：25分鐘

· 烤箱預熱至177℃，餅乾烤盤鋪烘焙紙。

· 取一小調理盆，混合亞麻籽粉、肉桂粉和泡打粉。

· 取一個中型調理盆，混合杏仁醬、亞麻籽蛋、植物奶、甜味劑和香草精。

· 將乾料加入濕料中，混合成均勻的麵糰，呈湯匙餅乾（drop cookie）的麵糰質地。

· 用湯匙挖麵糰，放上烤盤，做成10個餅乾，每份約2大匙（30毫升）。餅乾之間預留約2.5公分的間隔。抹平突起的邊緣，使邊緣不會在麵糰攤平之前就烤焦。視個人喜好，可撒上肉桂粉。

· 烘烤25分鐘，直到頂部觸感變紮實。

· 出爐，用抹刀將餅乾移至網架上。靜置至少15分鐘，使餅乾冷卻定型，即可食用。

保存 放入有蓋容器，可在室溫下保存4天。

營養資訊：189大卡｜脂肪16.3公克｜蛋白質5.5公克｜總碳水8.1公克｜淨碳水4.2公克

基礎食材

香腸綜合香料

我不知道原因，但是某天我發現自己非常想吃香腸，並不是非得是香腸本身，而是想吃混合製作香腸的香草與辛香料。這份綜合香料的配方，是我多年來混合多種配方的結果，正是我尋尋覓覓的風味組合。我使用這份配方來製作我的香腸風早餐肉餅（64頁）。

份量：約25公克　準備時間：5分鐘

乾燥巴西里葉2大匙

乾燥百里香葉2小匙

茴香籽2小匙

大蒜粉2小匙

現磨黑胡椒1小匙

煙燻紅椒粉1/2小匙

紅椒片1/2小匙

所有香料放入蓋緊的容器，搖晃混合。放在密封容器中，置於陰涼處可保存3個月

變化 早餐香腸綜合香料 在上述配方中，加入1大匙乾燥鼠尾草碎片（編輯註：草本碎片香氣較粉狀的明顯）和1大匙顆粒狀甜味劑。

印度奶茶綜合香料

任何食物只要加入印度奶茶香料，就會讓人感覺愉悅又暖洋洋的。Chai
這個字其實是「茶」的意思，不過，已經成為含有份量不等的下列綜合辛
香料的代名詞。印度奶茶綜合香料千萬種變化，此處是我多年來一直使用
的配方。你也可以依照自己的喜好微調！

我喝過最好喝的印度奶茶，是我的表親來自旁遮普的母親煮的。我還沒喝
過比那更香濃的印度奶茶，不過，每當使用這份綜合香料時，總會讓我想
起那一天。

份量：30公克　準備時間：5分鐘

肉桂粉1大匙

小荳蔻1大匙

薑粉2小匙

茴香籽粉1小匙

丁香粉1小匙

肉豆蔻粉1小匙

黑胡椒粉1/2小匙

將所有香料放入蓋緊的容器，搖晃混合。放在密封容器中，
置於陰涼處可保存3個月。

萬用貝果鹽

這個配方來自名字很相似的市售貝果鹽。某天我快沒錢了，突然發現其實我可以自己做，只要重新裝滿鹽罐就好，還不用跑一趟商店。我的老公根本沒有注意到差別，我覺得真是太成功了！

黑芝麻1大匙

白芝麻1大匙

乾燥洋蔥片1大匙

大蒜粉1 1/2小匙

猶太鹽1 1/2小匙

份量：30公克　準備時間：5分鐘

將所有香料放入蓋緊的容器，搖晃混合。放在密封容器中，置於陰涼處可保存3個月。

美味綜合香草

幾乎任何食物，從湯、酥皮派，到早餐純素炒蛋，我都會加入這款綜合香草。

乾燥洋蔥片2大匙

乾燥百里香葉2大匙

乾燥馬鬱蘭葉1大匙＋1小匙

乾燥鼠尾草碎片1大匙＋1小匙

大蒜粉1大匙＋1小匙

份量：25公克　準備時間：5分鐘

所有香料放入蓋緊的容器，搖晃混合。放在密封容器中，置於陰涼處可保存3個月。

堅果粉&種籽粉

我喜歡自己做堅果粉和種籽粉，既可省錢又能得到更新鮮的粉。堅果或種籽磨碎就會開始氧化（產生油耗味），速度比完整狀態快許多。依照需要的用量來製作堅果粉，或是單次製作少量，有助於確保粉類不會在使用前就變質。自己磨粉也更有變化空間。例如若無法耐受堅果，通常在食譜中可以使用等量葵花籽粉取代杏仁粉。

很適合製成粉類的堅果和種籽包括杏仁、榛果、胡桃、核桃、葵花籽和大麻籽。這些全都是低碳水，而且無論用在何處，都能增添迷人風味。

任一去殼堅果或種子（見備註）

份量：隨意　準備時間：5分鐘

· 將堅果或種籽放入食物調理機或高功率果汁機，打碎至粉狀。如果堅果或種籽粉開始顯得油膩或結塊，立刻停下果汁機或食物調理機，否則最後會打成堅果醬或種子醬。

· 篩出顆粒較粗的堅果或種籽，放回機器裡，攪打至粉質粗細均勻。

使用 可用等量的自製堅果或種籽粉，取代食譜中需要的杏仁粉。若要取代椰子粉，則需要3倍份量的堅果或種籽粉，如果麵糰/麵糊看起來太濕，可再增加份量。

存放 放入蓋緊的容器，置於陰涼處可保存1週，冷藏可保存2週，冷凍則可保存1個月。

備註 此處使用的堅果或種籽完全取決於你的食譜需要的堅果或種籽粉用量。通常我會依照食譜中所需的粉類重量，秤出需要的堅果或種籽份量，然後再將該份量打成粉狀。

若需要更細緻的粉，通常我會購買已經去除外膜的去皮杏仁或榛果。如此能讓粉質外觀較接近一般麵粉，顏色也較均勻。

有些果汁機或食物調理機需要一定體積的食材，才能發揮最佳功能，製作粉類時務必記得這點，也許你得製作多於食譜的用量。

營養資訊：視使用的堅果或種籽而定

花椰米

由於「原始人飲食法」的流行，現在幾乎到處都能買到新鮮或冷凍的花椰米了。不過，我比較喜歡在白花椰菜產季時自製花椰米，除了更經濟實惠，味道也更新鮮。我發現放入食物調理機之前，先切下花朵，並將梗切成小塊，會更容易打碎，否則完成的「米粒」就會大小不一，料理時熟度也會不均勻。

白花椰菜565公克，稍微切過（1顆直徑約13公分的中型白花椰菜，切下花朵和梗）

份量：565公克　準備時間：5分鐘

· 將切小塊的花椰菜放入果汁機或食物調理機，打碎至大約米粒的2倍尺寸。如果顆粒太小，可能難以用於食譜，而且可能會變糊。

· 依照食譜說明烹煮，或遵循以下說明。

保存 將生花椰米裝入密封容器，可冷藏保存5天，或冷凍保存1個月。

烹煮 我喜歡這樣蒸煮花椰米：加入2到3大匙水與1小撮鹽，放入平底鍋，加蓋，以中火蒸煮10分鐘，期間不時翻動，直到米粒軟化。如果水分蒸發速度太快，可再加水1到2大匙。

變化 青醬花椰米 中型平底鍋放入452公克未烹煮的花椰米和160毫升簡易純素青醬（189頁）。蓋上鍋蓋，以中火悶煮10分鐘，不時翻炒，直到米粒變軟。

營養資訊（每113公克）：28大卡 | 脂肪0.3公克 | 蛋白質2.1公克 | 總碳水5.7公克 | 淨碳水3.4公克

櫛瓜麵

我拖了很長一段時間才購入手轉式刨切器,因為不希望廚房又多一件小東西堆在廚房。真高興我終於決定行動,過去我一直使用曼陀林切片器來製作櫛瓜麵,而手轉式刨片器的速度實在快多了。我的是只有一個小把手的手轉式刨片器,不過,你也可以購買能放在工作檯上的較大機型。

如果吃膩了櫛瓜麵,不妨試試手轉刨片其他蔬菜。我喜歡在沙拉中使用手轉刨片的黃瓜,取代圓片。我也成功刨過胡蘿蔔、防風根和白蘿蔔,幾乎所有長條圓柱形的蔬菜都可用。

小櫛瓜3個(各100公克)

份量:約200公克　準備時間:5分鐘

· 使用手轉式刨切器:按照刨片器附的說明書指示來製作櫛瓜麵。

· 使用曼陀林蔬果刨切器:調至細絲設定,將切片器穩穩地架在中型調理盆邊緣(如果你的曼陀林切片器附有活動式儲物盒,則使用儲物盒)。使用切片器附的安全護手器固定櫛瓜,然後對著刀片縱向拖拉,刨出麵條。

· 依照食譜說明烹煮,或遵循以下說明。

保存 將生櫛瓜麵放入密封容器,可冷藏保存3天。

烹煮 將櫛瓜麵放入中型平底鍋,加入2到3大匙水或橄欖油,加蓋,以中火煮3至5分鐘,直到想要的軟硬度。

祕訣 可使用幾乎所有夏南瓜品種來代替櫛瓜。

營養資訊(每100公克):17大卡 | 脂肪0.3公克 | 蛋白質1.2公克 | 總碳水3.1公克 | 淨碳水2.1公克

亞麻籽墨西哥薄餅

需要一些練習，才能熟練地製作這款亞麻籽墨西哥薄餅的技巧，不過，一旦掌握技巧，你就一天到晚做啦！做成10公分的墨西哥薄餅時，最適合當作塔可餅，如果做得大一點，就能當作捲餅皮（見下方的變化）

份量：10公分墨西哥薄餅6個（每份2個）
準備時間：10分鐘　烹煮時間：18分鐘

亞麻籽粉112公克
水120毫升
鹽1/4小匙

· 以中火加熱中型平底不沾鍋。

· 將亞麻籽、水和鹽放入碗裡混合。靜置數分鐘，直到形成略帶黏性的厚實麵糰。將麵糰分成6等份，然後滾成球形。

· 烘薄餅：將球形麵糰放入熱平底鍋，以叉子或鏟子輕輕壓平成直徑10公分的圓形。烘約2分鐘，直到薄餅頂部定型，鏟子伸進薄餅底部輕輕晃動也不影響形狀。翻面，另一面烘1分鐘。其餘麵糰重複此方法。

保存　緊緊包起，可冷藏保存1週，或冷凍保存1個月。

重新加熱　剩下的薄餅冷食也很美味（我更喜歡冷食），不過，也可以放入預熱至150℃的烤箱，加熱5分鐘，或加熱至喜歡的溫度。

變化　亞麻籽捲餅　製作最適合當捲餅皮的15公分亞麻籽墨西哥薄餅：使用25公分或更大的平底鍋，將麵團分成3等份而非6份。將球形麵糰放入預熱的平底鍋，以上述方法壓平成13公分的圓形。以上述方法烘烤兩面，然後捲餅離火，立刻放上乾淨的工作檯，擀至15公分。

營養資訊：199大卡｜脂肪15.7公克｜蛋白質6.8公克｜總碳水10.8公克｜淨碳水0.6公克

亞麻籽蛋

在一般使用雞蛋黏結食材的食譜中，亞麻籽蛋是效果極佳的黏合劑，例如餅乾或包心菜捲內餡。如果你無法消化亞麻籽，那麼，等量的奇亞籽粉也同樣有效。使用前，提早5分鐘製作亞麻籽蛋，那是因為需要一些時間，才能形成具有黏合力的膠質。

雖然亞麻籽蛋的用途廣泛，不過，在某些情況下還是無法真正取代素蛋粉：基本上，就是所有使用蛋來增加體積的料理，像是舒芙蕾、鹹派或天使蛋糕。

水45毫升

亞麻籽粉1大匙

份量：亞麻籽蛋1個　準備時間：5分鐘

· 將水和亞麻籽放入小碗。靜置5分鐘，直到混合物開始變稠，顏色變淺。

· 依照食譜指示，立即使用，以代替蛋。

營養資訊：37大卡 | 脂肪3公克 | 蛋白質1.3公克 | 總碳水2公克 | 淨碳水0.1公克

酸香酪梨美乃滋

誰能想到美乃滋的作法竟然如此簡單？這款可口滑潤的美乃滋版本，
使用明星水果兼生酮寵兒，也就是以酪梨為基底，每次吃美乃滋的時
候，還能順便補充些許維生素B群和鉀。

中型哈斯酪梨1個（212公克），去
皮去核

冷壓初榨橄欖油60毫升

青檸汁1顆份，或檸檬汁1/2顆份

是拉差醬或辣椒醬1小匙

鹽1小撮

份量：約240公克（每份1大匙）
準備時間：5分鐘

・使用果汁機或食物調理機，放入所有食材，攪打15到30
秒，直到整體滑潤濃郁。

保存 放入密封罐，可冷藏保存1週。

祕訣 過度攪拌美乃滋，會造成看起
來像油水分離而結塊。加入1/2到1小
匙豌豆蛋白粉攪打，可使美乃滋恢復
柔潤細滑。

營養資訊：45大卡 | 脂肪4.7公克 | 蛋白質0.2公克 | 總碳水1公克 | 淨碳水0.4公克

簡易芥末油醋

芥末無疑是我最喜愛的調味料，所以自然會想將芥末做成沙拉醬。我喜歡以辛辣的棕色芥末籽醬或德式芥末醬來製作這款沙拉醬，使醬汁多點嗆辣刺激感。

份量：240毫升（每份30毫升）
準備時間：3分鐘

冷壓初榨橄欖油120毫升
任一市售芥末醬90毫升
蘋果酒醋30毫升
蒜泥1小匙
現磨黑胡椒1/4小匙

· 將所有材料放入密封罐，搖晃至整體乳化。

保存 可冷藏保存2週。

營養資訊：129大卡 | 脂肪13.9公克 | 蛋白質0.3公克 | 總碳水0.5公克 | 淨碳水0.3公克

快速大麻籽酸奶油

這道酸「奶油」很快就能打發，而且不含大豆，是市售純素酸奶油的絕佳
替代品，後者不僅營養不多，而且還含有反式脂肪。這款酸奶油和我的墨
西哥辣豆醬備餐（142頁）是最佳拍檔。

份量：約300毫升（每份30毫升）
準備時間：3分鐘

去殼大麻籽160公克
冷壓初榨橄欖油60毫升
水60毫升
檸檬汁1顆份
鹽1/4小匙

· 將所有食材放入食物調理機或果汁機，攪打1至2分鐘，直
到整體完全滑順。

保存 *放入密封罐，可冷藏保存1週。*

營養資訊：137大卡│脂肪13.2公克│蛋白質5.1公克│總碳水1.7公克│淨碳水1.1公克

中東芝麻醬汁

我很喜歡這道沙拉醬，因為以相對較低的碳水量，就能大大增添風味。這款醬汁搭配法拉費沙拉（106頁）非常美味，當作大麻籽雞塊（146頁）的沾醬也同樣好吃。

份量：150毫升（每份30毫升）
準備時間：3分鐘

中東芝麻醬64公克，室溫
檸檬汁1顆份
水45毫升
蒜泥1小匙

・將所有材料放入小碗，攪拌至柔滑濃郁。

保存 放入密封罐，可冷藏保存5天。

營養資訊：76大卡 | 脂肪6.4公克 | 蛋白質3公克 | 總碳水2.4公克 | 淨碳水1.2公克

生酮奶油抹醬

我是吃乳瑪琳抹醬長大的（我的媽呀！），雖然脂肪含量一定很高，不過，我絕對不會說這些人造奶油很健康。店裡販售的絕大多數的奶油抹醬都經過氫化，而且幾乎都含有工業種籽油，要不就是棕櫚油，對人體或地球都很不好！

市面上有少數含有優質原型食物成份的人造奶油，但價格相當高。因此，我決定對幾樣我最喜歡的產品進行逆向工程，而這道抹醬就是我的成果！將它放在椰子粉方格鬆餅（60頁）、中東芝麻醬貝果（80頁）和烤過的種籽麵包（74頁）上，就像奶油一樣融化，而且非常美味。

精製椰子油168公克，軟化（見備註）

豌豆奶或任一植物奶90毫升

冷壓初榨橄欖油60毫升

烤過的無鹽夏威夷果仁30公克

營養酵母2小匙

檸檬汁或蘋果酒醋1小匙

鹽3/4小匙

保存 放入密封容器，可冷藏保存1週，或冷凍保存2個月。

備註 我幾乎總是使用未精製的椰子油，不過，這道食譜例外。精製椰子油沒有特殊味道，正是抹醬的鹹味版本所需要的。

變化 大蒜奶油抹醬 攪打前，在食材中加入1大匙蒜泥，並在冷卻前拌入1大匙乾燥巴西里（parsley）。

變化 肉桂奶油抹醬 在食材中加入1小匙肉桂粉和1大匙顆粒狀甜味劑，然後攪打。

份量：約350毫升（每份1大匙）　準備時間：5分鐘＋冷卻時間

· 將所有食材放入果汁機或食物調理機，攪打約90秒，直到整體滑順。

· 倒入容量至少360毫升的保鮮容器，冷藏至少2小時，直到奶油變硬。

營養資訊：82大卡 | 脂肪8.9公克 | 蛋白質0.4公克 | 總碳水0.3公克 | 淨碳水0.1公克

希臘沙拉醬

這道沙拉醬不僅和希臘沙拉（120頁）是絕配，也是非常美味的蘑菇醃汁呢！

份量：180毫升（每份30毫升）
準備時間：3分鐘＋1小時冷卻

冷壓初榨橄欖油120毫升
紅酒醋60毫升
乾燥奧勒岡葉1小匙
蒜泥1小匙
乾燥洋蔥片1小匙
現磨黑胡椒1/4大匙

· 將所有材料放入小碗混合。將沙拉醬倒入密封罐或瓶子，食用前冷藏1小時，使風味有時間融合，乾燥洋蔥也能吸收水分。

保存 可冷藏保存5天。

營養資訊：163大卡｜脂肪18公克｜蛋白質0.1公克｜總碳水0.6公克｜淨碳水0.5公克

簡易純素青醬

青醬是我最喜歡的櫛瓜麵（179頁）淋醬，也是我最愛的披薩醬料。這道
清醬不僅不含乳製品，也不含堅果，而且比市售罐裝清醬美味多了。

冷壓初榨橄欖油180毫升

新鮮羅勒葉60公克

營養酵母20公克

去殼大麻籽40公克

檸檬汁1大匙

蒜泥1小匙

鹽1/2小匙

份量：320公克（每份80毫升）
準備時間：5分鐘

・將所有食材放入果汁機或食物調理機，攪打約90秒，直到
　整體幾乎滑順但不完全絞碎。

保存 放入密封罐，可冷藏保存10天。

營養資訊：326大卡｜脂肪31公克｜蛋白質7.1公克｜總碳水6.6公克｜淨碳水1.6公克

大麻籽義式白醬

這道萬用白醬可以代替義式白醬,也可以當作白披薩的醬料,而且幾乎所有需要法式白醬的食譜都可使用。如果很難找到大麻籽,腰果或葵花籽在這道配方中的效果一樣好,別忘了考慮巨量營養素的差異。

去殼大麻籽160公克

營養酵母60公克

水180公克

蒜泥1小匙

煙燻紅椒粉或肉豆蔻粉1/4小匙
(非必需)

鹽1/4小匙

份量:390毫升(每份80毫升)
準備時間:5分鐘

· 將所有食材放入果汁機或食物調理機,攪打2至3分鐘。倒入品脫杯或玻璃罐(475毫升)使用。

保存 放入密封罐,可冷藏保存5天。

營養資訊:305大卡 | 脂肪20.2公克 | 蛋白質14.3公克 | 總碳水4公克 | 淨碳水2.3公克

純素帕瑪乳酪粉

基本上，這就是純素生酮版的罐裝乳酪粉，撒在披薩和青醬料理上，非常好吃，還能讓一盤單調的烤青花菜華麗變身。這款乳酪粉不只是好吃，更富含大量營養素，這都要歸功於巴西堅果，每大匙乳酪粉含有超過75%每日建議攝取的硒，是重要的抗氧化物質，也是生成甲狀腺素的輔因子。

份量：165公克（每份1大匙）
準備時間：3分鐘

生巴西堅果66公克
剖半的生夏威夷果仁56公克
營養酵母40公克
鹽1/2小匙
大蒜粉1/4小匙
洋蔥粉1/4小匙

· 將所有食材放入高功率果汁機或食物調理機，攪打20至30秒，直到整體成細沙狀。

保存 放入密封容器，可冷藏保存2週。

營養資訊：42大卡│脂肪3.7公克│蛋白質1.4公克│總碳水1.3公克│淨碳水0.6公克

4週飲食計畫

飲食計畫 說明

· 第1週和第2週的目的是快速進入酮症狀態，並提供每日20公克左右的淨碳水。重複前兩週直到完全適應生酮，你完全可以自由選擇。

· 第3週和第4週的碳水化合物份量較高，在營養和口味上皆有更多變化，也為不吃大豆的人提供無大豆的選擇。

· 有些人吃多一點碳水化合物，感覺會比較好。如果你屬於這個類型，或許可以從飲食計畫的第3週開始，單純重複第3週和第4週即可。

· 這份飲食計畫是為一個人設計。如果兩人食用，務必將食譜份量增加兩倍。

· 這份計畫會充分利用剩菜。我沒有時間整天待在廚房裡，而且根據各位給我的要求，你們似乎也沒有時間！

· 需要從頭製作的食譜將以粗體字標示，非粗體字則為剩菜。斜體字標示的「迷你食譜」作法會附錄在該週備註。

· 除非另外說明，否則營養資訊會假設每道食譜你會吃下一份。標示「x2」處，表示必須吃兩份。第4週的其中兩餐，你會吃5份法拉費。

· 大部分不易腐敗的食材在4個星期中都會用上，因此，如果為第1週採購一袋奇亞籽，接下來的第2、3、4週也會用到。

· 同樣的，蔬菜也常常會每週使用，因此，可能某一週只需要28公克包心菜，隔週卻需要225公克。先為下一週做打算，與當週比較，看看冰箱或櫥櫃中已經有哪些食材！

· 農產品的重量只是大概。

· 需要少量蔬菜時（28到56公克），不妨考慮從沙拉吧購買，以減少浪費。這樣你就不必為了幾大匙包心菜而買一整顆菜。

· 如有必要，乾貨的份量可稍微四捨五入。

· 除非另外註明，否則必須購買生的堅果和種籽。

· 雖然可以自製生酮奶油抹醬（187頁），採購清單會假設你購買純素奶油。

· 採購清單不包含鹽和胡椒，因為你的櫥櫃裡很可能已經有了。

· 採購清單不包含非必需食材（如裝飾和佐料）。

· 當然可以繼續喝平常的咖啡或茶，但請記得留意加入咖啡或茶的東西。建議：無糖植物奶、全脂罐裝椰奶、無糖植物奶精（記得檢查標示）、羅漢果糖、甜菊，或赤藻醣醇製的甜味劑。

· 我喜歡一整天都喝檸檬水：在240到350毫升的水中，加入一小匙檸檬汁，好喝又清爽，還能增添少許維生素C與微量礦物質。請記得為檸檬水添購檸檬或檸檬汁。

第1週

20公克
淨碳水

第1天

第1餐

79

杏仁奶油覆盆子
奇亞籽布丁

第2餐

80

中東芝麻醬貝果 x2
➕ 56公克綜合葉菜

第3餐

112

花椰菜濃湯
👨‍🍳 南瓜籽＆Nooch營養
酵母蒸菠菜

熱量：1577	
脂肪：123.4公克	
蛋白質：71.4公克	
總碳水：75.5公克	
淨碳水：19.6公克	

第2天

第1餐
剩下的

中東芝麻醬貝果 x2
➕ 56公克綜合葉菜

第2餐
剩下的

花椰菜濃湯 x2

第3餐

150

櫛瓜白醬寬麵

熱量：1502	
脂肪：117.2公克	
蛋白質：73.7公克	
總碳水：71.1公克	
淨碳水：19.2公克	

第3天

第1餐

65

高蛋白「無燕麥燕麥粥」

第2餐
剩下的

中東芝麻醬貝果 x2
➕ 56公克綜合葉菜

第3餐

136

泰式炒海藻麵

126

溜醬油辣豆腐

熱量：1539	
脂肪：118.8公克	
蛋白質：71.1公克	
總碳水：77.8公克	
淨碳水：21.1公克	

第4天

第1餐

161

暖陽蔬果昔

第2餐 剩下的

泰式炒海藻麵

第3餐

146

大麻籽素雞塊 **x2**
🍴 胡桃綜合葉菜沙拉

熱量：1561
脂肪：130.8公克
蛋白質：72.2公克
總碳水：54.9公克
淨碳水：18.4公克

第5天

第1餐

78

原味奇亞籽布丁

第2餐 剩下的

大麻籽素雞塊
🍴 胡桃綜合葉菜沙拉

第3餐 剩下的

溜醬油辣豆腐 **x2**
🍴 南瓜籽&Nooch營養
酵母蒸菠菜

點心
➕ 30公克胡桃
🍴 西洋芹佐芥末醬汁

熱量：1591
脂肪：125.2公克
蛋白質：72.5公克
總碳水：73.7公克
淨碳水：21.5公克

第6天

第1餐

160

金黃印度香料蛋白奶昔

第2餐 剩下的 剩下的

溜醬油辣   花椰菜濃湯
豆腐

第3餐

150

櫛瓜白醬寬麵
➕ 30公克大麻籽

114

羽衣甘藍溫沙拉

點心
🍴 西洋芹佐芥末醬汁

熱量：1542
脂肪：115.9公克
蛋白質：73.3公克
總碳水：82.1公克
淨碳水：21.5公克

第7天

第1餐 剩下的

160

金黃印度香料蛋白奶昔

第2餐 剩下的

羽衣甘藍溫沙拉
🍴 大麻籽&營養酵母
酪梨

第3餐

151

水牛城菠蘿蜜塔可餅

點心

98

簡易花生醬蛋白棒

熱量：1577
脂肪：120.7公克
蛋白質：79.6公克
總碳水：75.8公克
淨碳水：20.9公克

第1週 筆記

備餐：

· 計畫開始前一天製作花椰菜濃湯和貝果，除非第1天有很多時間做菜。

· 為第1週和第2週製作大量簡易芥末油醋（184頁）。如果不喜歡芥末，也可用任何低碳水沙拉醬代替（每份含有或少於1公克淨碳水）。

第1天

· **第1餐**

杏仁奶油莓果奇亞籽布丁使用冷凍莓果。

· **第2餐**

我會用貝果和葉菜做成小三明治。貝果橫剖，夾入葉菜。可依喜好，在食用前烤脆貝果。

· **第3餐**

👨‍🍳 南瓜籽&Nooch營養酵母蒸菠菜 *蒸菠菜170公克（新鮮嫩菠菜約170公克），撒上10公克營養酵母和15公克南瓜籽。*
為第6天冷凍1份花椰菜濃湯。

第2天

· **第3餐**

為櫛瓜白醬寬麵製作半批大麻籽義式白醬（190頁）。使用1份，第6天使用1份。

第3天

· **第3餐**

可省略泰式炒海藻麵中的胡蘿蔔，除非手邊剛好有少量胡蘿蔔。

第4天

· **第3餐**

👨‍🍳 胡桃綜合葉菜沙拉 *綜合葉菜56公克、簡易芥末油醋30毫升、切碎胡桃23公克。*

第5天

· **點心**

👨‍🍳 西洋芹佐芥末醬汁 *西洋芹4跟，每根長10公分（總重85公克），沾浸30毫升簡易芥末油醋。*

· 冷凍花椰菜濃湯放入冷藏室解凍，為隔天午餐做準備。

第6天

· **第3餐**

羽衣甘藍溫沙拉中的榛果可換成胡桃，讓購物較為輕鬆。

第7天

· **第2餐**

👨‍🍳 大麻籽&營養酵母酪梨 *中型哈斯酪梨1顆，切丁，與30公克去殼大麻籽和10公克營養酵母混合。非必需：撒上辣椒粉。這是我常吃的點心。*

· 剩下的水牛城菠蘿蜜塔可餅和簡易花生醬蛋白棒會在第2週食用。

第1週 採購清單

農產品：

嫩菠菜454公克

中型花椰菜一顆

西洋芹225公克

細香蔥1大匙

大蒜3或4瓣

中型哈斯酪梨2顆（各212公克）

羽衣甘藍65公克

薄荷1或2枝

綜合葉菜285公克

櫻桃蘿蔔56公克

青蔥4根

櫛瓜3小條（每條100公克）

堅果＆種籽：

奇亞籽65公克

亞麻籽200公克

去殼大麻子454公克

胡桃65公克

南瓜籽65公克

芝麻35公克

中東芝麻醬128公克

無糖滑順杏仁醬64公克

無糖滑順花生醬128公克

冷凍食品：

覆盆子

冷藏食品：

板豆腐1塊（397公克）

任一植物奶1.4公升

純素奶油抹醬

常溫食品：

蘋果酒醋30毫升

可可豆碎粒28公克

辣椒醬或是拉差醬1大匙

冷壓初榨橄欖油180毫升

顆粒狀甜味劑24公克

美式辣醬60毫升

海藻麵1包（340公克）

低鈉溜醬油或椰子胺基醬油45毫升

營養酵母100公克

豌豆蛋白粉115公克

任一現成芥末醬90毫升

洋車前子殼28公克

烘焙芝麻油1大匙

蔬菜高湯830毫升

鹽水浸漬青菠蘿蜜1罐（482公克）

泡打粉

印度奶茶綜合香料（173頁）

肉桂粉

甜菊糖液

美味綜合香草（175頁）

薑黃粉

香草精

第2週

20公克
淨碳水

第1天

第1餐

161
暖陽蔬果昔

第2餐

剩下的
水牛城菠蘿蜜塔可餅
（第1週剩下的）

第3餐

64
香腸風早餐肉餅
🍳 芥末風味葉菜

點心

剩下的
簡易花生醬蛋白棒 x2
（第1週的剩菜）

熱量：1579
脂肪：119.5公克
蛋白質：72公克
總碳水：71.2公克
淨碳水：20公克

第2天

第1餐

剩下的
簡易花生醬蛋白棒 x2

第2餐

剩下的
香腸風早餐肉餅

第3餐

144
黑豆漢堡 x2
🍳 大麻籽營養酵母酪梨

點心

芥末油醋西洋芹

熱量：1571
脂肪：128.9公克
蛋白質：77.5公克
總碳水：115.5公克
淨碳水：18.1公克

第3天

第1餐

剩下的
簡易花生醬蛋白棒

第2餐

剩下的
186
黑豆漢堡 x2
➕ 酪梨1份
佐中東芝麻
醬汁 x2

第3餐

剩下的
香腸風早餐肉餅
🍳 南瓜籽營養酵母
蒸菠菜

點心

胡桃30公克

熱量：1525
脂肪：123.4公克
蛋白質：70.2公克
總碳水：52公克
淨碳水：19.3公克

第4天

第1餐

65

隔夜無燕麥燕麥粥

第2餐

香腸風早餐肉餅

第3餐

106

法拉費沙拉

點心

70

檸檬罌粟籽瑪芬
➕ *純素奶油抹醬1大匙*

熱量：1501
脂肪：125.5公克
蛋白質：70.4公克
總碳水：46.9公克
淨碳水：20公克

第5天

第1餐

剩下的

檸檬罌粟籽瑪芬 x2
➕ *純素奶油抹醬2大匙（28公克）*

第2餐

剩下的

法拉費沙拉

第3餐

148

焗烤花椰菜

熱量：1558
脂肪：124.4公克
蛋白質：75公克
總碳水：58.9公克
淨碳水：19.7公克

第6天

第1餐

剩下的

檸檬罌粟籽瑪芬 x2
➕ *純素奶油抹醬2大匙（28公克）*

第2餐

剩下的

焗烤花椰菜

第3餐

130

香烤甜辣櫻桃蘿蔔 x2
👨‍🍳 *中東芝麻醬葉菜*

熱量：1531
脂肪：116.5公克
蛋白質：83公克
總碳水：57.5公克
淨碳水：19.5公克

第7天

第1餐

159

生酮南瓜香料拿鐵

第2餐

剩下的

焗烤花椰菜 x2

第3餐

點心
👨‍🍳 *椰香胡桃*

熱量：1556
脂肪：120.2公克
蛋白質：72公克
總碳水：73.8公克
淨碳水：19.5公克

第2週 **筆記**

第1天 ————————

· **第3餐**

👨‍🍳 芥末風味葉菜 *注意不可與「芥末葉菜」混淆，這道料理是蒸菠菜170公克（約170公克新鮮嫩菠菜）淋上30毫升簡易芥末油醋（第1週已經製作完成的）。*

第3天 ————————

· **第2餐**

中東芝麻醬汁可以搭配漢堡、酪梨，或兩者皆是。

製作這款醬汁時，保留檸檬皮絲，用來製作第4天法拉費沙拉中的免烤法拉費（或於前一晚製作中東芝麻醬汁時備製）。

第6天 ————————

· **第3餐**

👨‍🍳 中東芝麻醬葉菜 *蒸菠菜170公克（約170公克新鮮嫩菠菜），撒30公克大麻子、10公克營養酵母，搭配30毫升中東芝麻醬汁。*

剩下的香烤甜辣櫻桃蘿蔔將在第3週食用。

第7天 ————————

· **第1餐**

可使用紅茶或草本茶，代替生酮南瓜香料拿鐵的咖啡。

· **第2餐**

焗烤花椰菜極具飽足感，可以輕鬆從午餐撐到晚餐。

· **點心**

👨‍🍳 椰香胡桃 *我常常吃這道小點，作為甜點或點心。作法真的很簡單：全脂椰奶80公克與胡桃60公克混合，撒肉桂粉。如果不介意額外的碳水，也可加入一些冷凍覆盆子。*

· 剩下的椰香胡桃和南瓜泥冷藏，將用於第3週。

第2週 採購清單

農產品：

嫩菠菜510公克

小朵白花椰菜600公克

芹菜85公克

黃瓜1小條，或波斯黃瓜2條（總重56公克）

大蒜2、3瓣

中型哈斯酪梨1個（212公克）

檸檬2個＋1小匙檸檬汁

薄荷1或2枝

櫻桃蘿蔔510公克

紫包心菜30公克

青蔥4根

堅果＆種籽：

奇亞籽40公克

亞麻籽140公克

去殼大麻子400公克

胡桃100公克

南瓜籽85公克

芝麻28公克

中東芝麻醬128公克

核桃128公克

冷藏食品：

任一無糖植物奶600毫升

純素奶油抹醬

常溫食品：

無鹽黑豆1罐（425公克）

辣椒醬或是拉差醬2小匙

椰子粉56公克

全脂椰奶1罐（400毫升）

冷壓初榨橄欖油60毫升

顆粒狀甜味劑48公克

低鈉溜醬油或椰子胺基醬油30毫升

營養酵母85公克

豌豆蛋白粉28公克

現成黃芥末45毫升

南瓜泥1罐（425公克）

蔬菜高湯120毫升

泡打粉

小蘇打粉

印度奶茶綜合香料（173頁）

咖啡

乾燥洋蔥片

乾燥巴西里葉

大蒜粉

洋蔥粉

肉桂粉

孜然粉

甜菊糖液

香腸綜合香料（172頁）

香草精

第3週

 這份計畫可以輕鬆改成無大豆版本,使用椰子胺基醬油取代食譜中的溜醬油即可。就是這麼簡單,真的!

第1天

第1餐

79

絲滑巧克力奇亞籽布丁

第2餐

香烤甜辣櫻桃蘿蔔 x2
(第2週的剩菜)
🍳 中東芝麻醬葉菜

第3餐

107

中東蔬菜沙拉 x2

點心

159

冰涼南瓜香料拿鐵

第2天

第1餐

65

高蛋白「無燕麥燕麥粥」

第2餐

剩下的

中東蔬菜沙拉 x2

第3餐

134

包心菜捲
➕ 酪梨1個佐營養酵母10公克

點心

122

地中海櫛瓜沙拉

第3天

第1餐

161

暖陽舒果昔

第2餐

剩下的　剩下的

包心菜捲　地中海櫛瓜沙拉

第3餐

146　129

大麻籽雞塊　青花菜香脆一口酥 x2

點心

98

簡易花生醬蛋白棒

	第1天	第2天	第3天
熱量	1665	1740	1662
脂肪	128.8公克	139.8公克	137.7公克
蛋白質	71.1公克	73公克	74.5公克
總碳水	82.9公克	77.6公克	62.4公克
淨碳水	25公克	27.1公克	28.3公克

第4天

第1餐

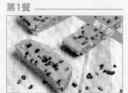

簡易花生醬蛋白棒 **x2**

第2餐

包心菜捲 **x2**

第3餐

大麻籽雞塊　青花菜香脆
　　　　　　一口酥 **x2**

熱量：1527	
脂肪：125.9公克	
蛋白質：70.9公克	
總碳水：61.8公克	
淨碳水：27.6公克	

第5天

第1餐

簡易花生醬蛋白棒 **x2**

第2餐

地中海櫛瓜　大麻籽雞塊
沙拉 **x2**

第3餐

塔可沙拉　118

點心

🥄 *椰香胡桃（1/2份）*

熱量：1616	
脂肪：134.1公克	
蛋白質：73.4公克	
總碳水：63.4公克	
淨碳水：29.2公克	

第6天

第1餐

簡易花生醬蛋白棒
🥄 *椰香胡桃（1/2份）*

第2餐

塔可沙拉

第3餐

🥄 *莎莎醬酪梨*

點心

金黃印度香料蛋白奶昔　160

熱量：1648	
脂肪：137.2公克	
蛋白質：72.3公克	
總碳水：59.9公克	
淨碳水：22.3公克	

第7天

第1餐

金黃印度香料蛋白奶昔

第2餐

🥄 *莎莎醬酪梨*

第3餐

韓式烤肉塔　薑蒜涼拌
可餅　140　包心菜絲
　　　　　　121 **x2**

點心

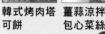

羽扇豆中東豆泥 **x2**　93
➕ *黃瓜片100公克*

熱量：1691	
脂肪：136.9公克	
蛋白質：70.7公克	
總碳水：73.3公克	
淨碳水：29.5公克	

第3週 筆記

整體注意事項：

· 這份計畫可以輕鬆改成無大豆版本。使用椰子胺基醬油取代食譜中的溜醬油即可。就是這麼簡單，真的！

· 如果跳過1、2週，直接從第3週開始，那麼，請忽略「前週的採購清單」部分，購買「直接從第3週開始」下方列出額外品項。

第1天

· **第1餐**

將剩下的南瓜泥放入製冰盒，製成32公克的小份量，以便將來製作南瓜拿鐵。

將剩下的椰奶冷藏保存，留待該週之後使用。

· **第2餐**

🍴 **中東芝麻醬葉菜** *蒸菠菜170公克（約170公克新鮮嫩菠菜）撒30公克大麻子、10公克營養酵母，搭配30毫升中東芝麻醬汁。*

如果從第3週開始，製作半份香烤甜辣櫻桃蘿蔔（130頁）

第4天

· 將冷凍椰奶放入冷藏室解凍，為隔天做準備（或是第5天早上解凍）

第5天

· **第2餐**

可省略塔可沙拉中的酸香酪梨美乃滋。

· **點心**

🍴 **椰香胡桃** *我常吃這道小點，作為甜點或點心。作法真的很簡單：全脂椰奶80公克與胡桃60公克混合，撒肉桂粉。如果不介意額外的碳水，也可加入一些冷凍覆盆子。*

你可以一次多一些，分成2份，1份冷藏至隔天，或是一次製作半份。

第6天

· **第2餐**

🍴 **莎莎醬酪梨** *中型哈斯酪梨1個，切丁，撒大麻籽20公克、營養酵母10公克和莎莎醬32公克。*

第7天

· **第3餐**

可省略韓式烤肉塔可餅中的酸香酪梨美乃滋。

· 剩下的韓式烤肉塔可餅、薑蒜涼拌包心菜絲和羽扇豆中東豆泥，將用於第4週的飲食計畫。

第3週 採購清單

農產品：

嫩菠菜225公克

小朵青花菜225公克

胡蘿蔔28公克，刨絲

白花椰菜85公克，製成花椰米

櫻桃番茄115公克

中型黃瓜1根（200公克）

大蒜6、7瓣

薑塊2.5公分

中型綠包心菜一顆（直徑10公分，葉片才夠大以製作包心菜捲）

中型哈斯酪梨4個（各212公克）

檸檬2、3個，或檸檬汁120毫升

薄荷1把

綜合生菜115公克

洋蔥1小顆（直徑5公分）

香菜1把

紫包心菜1小顆（直徑10公分）

蘿蔓芯2大顆（200公克）

青蔥7、8根

中型櫛瓜1根（200公克）

堅果&種籽：

奇亞籽35公克

亞麻籽285公克

去殼大麻子400公克

芝麻28公克

葵花籽35公克

中東芝麻醬64公克

核桃240公克

冷藏食品：

任一無糖植物奶1.2公升

莎莎醬120毫升

常溫食品：

可可豆碎粒30公克

辣椒醬1小匙

可可粉1大匙

冷壓初榨橄欖油240毫升

顆粒狀甜味劑24公克

低鈉溜醬油或椰子胺基醬油105毫升

浸漬鹽水的羽扇豆340公克

營養酵母70公克

豌豆蛋白粉128公克

洋車前子殼10公克

風乾番茄3、4個（10公克）

烘焙芝麻油30毫升

低糖番茄醬710毫升

無調味米醋1大匙

無糖滑順花生醬128公克

蔬菜高湯180毫升

泡打粉

印度奶茶綜合香料（173頁）

辣椒粉

咖啡

乾燥奧勒岡葉

乾燥巴西里葉

大蒜粉

肉桂粉

孜然粉

甜菊糖液

煙燻紅椒粉

美味綜合香草（175頁）

薑黃粉

香草精

中東綜合香料（za'atar）

前週的採購清單：

罐裝全脂椰奶160毫升

南瓜泥30公克

直接從第3週開始：

美式辣醬1小匙

全脂椰奶1罐（400毫升）

冷壓初榨橄欖油1大匙

顆粒狀甜味劑1小匙

低鈉溜醬油或椰子胺基醬油1大匙

南瓜泥1罐（425公克）

櫻桃蘿蔔225公克

青蔥1根

芝麻1小匙

第4週

 這份計畫可以輕鬆改成無大豆版本。使用椰子胺基酸醬油取代食譜中的溜醬油即可。就是這麼簡單，真的！

第1天

第1餐

`159`

冰涼南瓜香料拿鐵

第2餐

剩下的　剩下的

韓式烤肉塔可餅（第3週剩下的）　薑蒜涼拌包心菜絲 **x2**（第3週剩下的）

第3餐

`150`

櫛瓜白醬寬麵
➕ 營養酵母1大匙

點心

剩下的

羽扇豆中東豆泥 **x2**（第3週剩下的）
➕ 黃瓜片100公克

熱量：1627
脂肪：127公克
蛋白質：71.9公克
總碳水：82.9公克
淨碳水：25公克

第2天

第1餐

`65`

隔夜「無燕麥燕麥粥」

第2餐

剩下的

韓式烤肉塔可餅

第3餐

🍳 義式蒜香番茄醬菠菜
➕ 大麻籽40公克

點心

剩下的

羽扇豆中東豆泥 **x2**
➕ 櫻桃蘿蔔片120公克

熱量：1652
脂肪：135.5公克
蛋白質：73公克
總碳水：62.1公克
淨碳水：24.7公克

第3天

第1餐

`84`

椰香可可堅果綜合點心 **x2**
➕ 植物奶240毫升

第2餐

`150`

櫛瓜白醬寬麵
➕ 營養酵母1大匙

第3餐

`128`

酸香烤球芽甘藍佐蘑菇和核桃 **x2**
➕ 營養酵母1大匙

點心

剩下的

羽扇豆中東豆泥 **x2**
➕ 櫻桃蘿蔔片120公克
➕ 南瓜籽28公克

熱量：1641
脂肪：131.5公克
蛋白質：72.3公克
總碳水：62.4公克
淨碳水：29.8公克

第4天

第1餐

無堅果巧克力燕麥脆片 ✕2
➕ 植物奶240毫升

第2餐

114

酸香烤球芽甘藍佐蘑菇和核桃　羽衣甘藍溫沙拉

第3餐

酸香烤球芽甘藍佐蘑菇和核桃
🥄 義式蒜香番茄醬菠菜
➕ 大麻籽40公克

點心

羽扇豆中東豆泥 ✕2　椰香可可堅果綜合點心
➕ 櫻桃蘿蔔片120公克

	熱量：1712
	脂肪：147.2公克
	蛋白質：71.4公克
	總碳水：66.7公克
	淨碳水：26.7公克

第5天

第1餐

無堅果巧克力燕麥脆片 ✕2
➕ 植物奶240毫升

第2餐

羽衣甘藍溫沙拉

第3餐

88　186

免烤法拉費 ✕5　中東芝麻醬汁 ✕2

點心

96

海苔能量脆條 ✕2

	熱量：1737
	脂肪：152.5公克
	蛋白質：71.9公克
	總碳水：58公克
	淨碳水：22.6公克

第6天

第1餐

椰香可可堅果綜合點心 ✕2
➕ 植物奶240毫升

第2餐

免烤法拉費 ✕5　中東芝麻醬汁 ✕2

第3餐
🥄 義式蒜香番茄醬菠菜

點心

海苔能量脆條 ✕2

	熱量：1680
	脂肪：139.6公克
	蛋白質：73.5公克
	總碳水：65公克
	淨碳水：27.4公克

第7天

第1餐

65

高蛋白「無燕麥燕麥粥」

第2餐

海苔能量脆條 ✕2

第3餐

100

黃瓜酪梨捲 ✕2　中東芝麻醬汁

點心

椰香可可堅果綜合點心　無堅果巧克力燕麥脆片

	熱量：1624
	脂肪：135.4公克
	蛋白質：71.5公克
	總碳水：72.5公克
	淨碳水：20.4公克

第4週 筆記

第1天

· 第1餐

這道拿鐵會用完罐裝椰奶。

冷凍庫會剩下許多南瓜泥冰塊,方便之後使用!

· 第3餐

製作半份大麻籽義式白醬(190頁),供櫛瓜白醬寬麵使用。本日使用1份,第3天使用1份。

第2天

· 第3餐

義式蒜香番茄醬菠菜 *蒸菠菜170公克(新鮮嫩菠菜約170公克),淋上番茄紅醬120毫升、營養酵母10公克,以及去殼大麻籽40公克。*

請記得,冰箱裡應該還有第3週製作包心菜捲剩下的番茄紅醬!

· 可在今晚製作櫛瓜白醬寬麵,為第3天早上節省時間。

第3天

· 第1餐

有時候,我喜歡以早餐穀片的方式食用這道綜合堅果:倒入早餐碗,注入植物奶,即可享用。

第4天

· 第2餐

以胡桃代替羽衣甘藍溫沙拉中的榛果,讓採購更輕鬆。

· 今晚製作海苔能量脆條,隔天早上就能丟進便當盒。

第4週 採購清單

農產品：

嫩菠菜570公克

青花芽菜35公克

球芽甘藍240公克

棕蘑菇200公克

黃瓜1小條（155公克）

大蒜2、3瓣

中型哈斯酪梨1個（212公克）

羽衣甘藍65公克，切碎

檸檬1個

櫻桃蘿蔔420公克

櫛瓜2小條（各100公克）

堅果&種籽：

奇亞籽28公克

亞麻籽28公克

去殼大麻子480公克

胡桃155公克

南瓜籽155公克

芝麻56公克

葵花籽128公克

中東芝麻醬80公克

核桃35公克

冷藏食品：

任一無糖植物奶1.3公升

常溫食品：

蘋果酒醋1大匙

可可豆碎粒35公克

可可粉20公克

冷壓初榨橄欖油60毫升

顆粒狀甜味劑24公克

營養酵母78公克

豌豆蛋白粉28公克

任一現成芥末醬45毫升

壽司海苔6張

無糖椰子片65公克

辣椒粉

咖啡

乾燥巴西里葉

大蒜粉

洋蔥粉

肉桂粉

甜菊糖液

煙燻紅椒粉

香草精

前週的採購清單：

罐裝全脂椰奶80毫升

南瓜泥30公克

低糖番茄紅醬350毫升

參考資料

1 Dimitriadis, G., Mitrou, P., Lambadiari, V., Maratou, E., and Raptis, S. "Insulin Effects in Muscle and Adipose Tissue." Diabetes Research and Clinical Practice 93 (2011): S52–S59.

2 Schaefer, E. J., Gleason, J. A., and Dansinger, M. L. "Dietary Fructose and Glucose Differentially Affect Lipid and Glucose Homeostasis." Journal of Nutrition 139, no. 6 (2009): 1257S–1262S.

3 Hassan, K. "Nonalcoholic Fatty Liver Disease: A Comprehensive Review of a Growing Epidemic." World Journal of Gastroenterology 20, no. 34 (2014): 12082.

4 Penckofer, S., Quinn, L., Byrn, M., Ferrans, C., Miller, M., and Strange, P. "Does Glycemic Variability Impact Mood and Quality of Life?" Diabetes Technology & Therapeutics 14, no. 4 (2012): 303–310.

5 Ibid.

6 Stanhope, K. L. "Sugar Consumption, Metabolic Disease and Obesity: The State of the Controversy." Critical Reviews in Clinical Laboratory Sciences 53, no. 1 (2016): 52–67.

7 Yancy, W. S., Foy, M., Chalecki, A. M., Vernon, M. C., and Westman, E. C. "A Low-Carbohydrate, Ketogenic Diet to Treat Type 2 Diabetes." Nutrition & Metabolism 2 (2005): 34.

8 "Diabetic Ketoacidosis (DKA)." U.S. National Library of Medicine (2018). Available at www.ncbi.nlm.nih.gov/pubmedhealth/PMHT0024412/

9 Paoli, A. "Ketogenic Diet for Obesity: Friend or Foe?" International Journal of Environmental Research and Public Health 11, no. 2 (2014): 2092–2107.

10 Davis, C., Bryan, J., Hodgson, J., and Murphy, K. "Definition of the Mediterranean Diet: A Literature Review." Nutrients 7, no. 11 (2015): 9139–53.

11 Chen, Z. Y., Ratnayake, W. M. N., and Cunnane, S. C. "Oxidative Stability of Flaxseed Lipids During Baking." Journal of American Oil Chemists' Society 71 (1994): 629.

12 Sarter, B., Kelsey, K., Schwartz, T., and Harris, W. "Blood Docosahexaenoic Acid and Eicosapentaenoic Acid in Vegans: Associations with Age and Gender and Effects of an Algal-Derived Omega-3 Fatty Acid Supplement." Clinical Nutrition 34, no. 2 (2015): 212–218. Available at www.clinicalnutritionjournal.com/article/S0261-5614(14)00076-4/fulltext. Accessed June 14, 2018. It's also worth noting here that omnivores tend to have low baseline levels of omega-3 fatty acids.

13 Ibid.

14 "Inflammation: A Unifying Theory of Disease." Harvard Health Letter. Harvard Health Publishing (2006). Available at www.health.harvard.edu/newsletter_article/Inflammation_A_unifying_theory_of_disease. Accessed June 16, 2018.

15 Simopoulos, A. P. "An Increase in the Omega-6/Omega-3 Fatty Acid Ratio Increases the Risk for Obesity." Nutrients 8, no. 3 (2016): 128.

16 Ibid.

17 Ibid.

18 Gibson, R., Muhlhausler, B., and Makrides, M. "Conversion of Linoleic Acid and Alpha-Linolenic Acid to Long-Chain Polyunsaturated Fatty Acids (LCPUFAs), with a Focus on Pregnancy, Lactation and the First 2 Years of Life." Maternal & Child Nutrition 7 (2011): 17–26.

19 Ibid.

20 Conquer, J. A., and Holub, B. J. "Supplementation with an Algae Source of Docosahexaenoic Acid Increases (n-3) Fatty Acid Status and Alters Selected Risk Factors for Heart Disease in Vegetarian Subjects." Journal of Nutrition 12, no. 126 (1996): 3032–39.

21 Nutrient Data Laboratory (U.S.) and Consumer and Food Economics Institute (U.S.) (1999). USDA Nutrient Database for Standard Reference. Riverdale, Maryland: USDA, Nutrient Data Laboratory, Agricultural Research Service.

22 De Souza, R. J., Mente, A., Maroleanu, A., Cozma, A. I., Ha, V., Kishibe, T., Uleryk, E., et al. "Intake of Saturated and Trans Unsaturated Fatty Acids and Risk of All Cause Mortality, Cardiovascular Disease, and Type 2 Diabetes: Systematic Review and Meta-Analysis of Observational Studies." British Medical Journal 351 (2015): h3978.

23 Brownell, K., and Pomeranz, J. "The Trans-Fat Ban—Food Regulation and Long-Term Health." New England Journal of Medicine 370, no. 19 (2014): 1773–75.

24 "Position of the American Dietetic Association: Vegetarian Diets." Journal of the American Dietetic Association 109, no. 7 (2009): 1266–82.

25 De Gavelle, E., Huneau, J.-F., Bianchi, C. M., Verger, E. O., and Mariotti, F. "Protein Adequacy Is Primarily a Matter of Protein Quantity, Not Quality: Modeling an Increase in Plant:Animal Protein Ratio in French Adults." Nutrients 9, no. 12 (2017): 1333.

26 Schaafsma, G. "The Protein Digestibility–Corrected Amino Acid Score." Journal of Nutrition 7, no. 130 (2000): 1865S–1867S.

27 Rogerson, D. "Vegan Diets: Practical Advice for Athletes and Exercisers." Journal of the International Society of Sports Nutrition 14 (2017): 36.

28 de Jager, J., Kooy, A., Lehert, P., Wulffelé, M. G., van der Kolk, J., Bets, D., Verburg, J., et al. "Long Term Treatment with Metformin in Patients with Type 2 Diabetes and Risk of Vitamin B-12 Deficiency: Randomised Placebo Controlled Trial." British Medical Journal 340 (2010): c2181.

29 Watanabe, F., Yabuta, Y., Bito, T., and Teng, F. "Vitamin B12-Containing Plant Food Sources for Vegetarians." Nutrients 6, no. 5 (2014): 1861–73.

30 Rizzo, G., Laganà, A. S., Rapisarda, A. M. C., La Ferrera, G. M. G., Buscema, M., Rossetti, P., Nigro, A., et al. "Vitamin B12 Among Vegetarians: Status, Assessment and Supplementation." Nutrients 8, no. 12 (2016): 767.

31 Herbert, V. "Vitamin B12." In Present Knowledge in Nutrition, 17th ed. Washington, D.C.: International Life Sciences Institute Press, 1996.

32 "Pantothenic Acid: Fact Sheet for Health Professionals." Office of Dietary Supplements, National Institutes of Health (2018). Available at https://ods.od.nih.gov/factsheets/PantothenicAcid-HealthProfessional/

33 "Vitamin C: Fact Sheet for Health Professionals." Office of Dietary Supplements, National Institutes of Health (2018). Available at https://ods.od.nih.gov/factsheets/VitaminC-HealthProfessional/

34 Ibid.

35 Ho-Pham, L. T., Vu, B. Q., Lai, T. Q., Nguyen, N. D., and Nguyen, T. V. "Vegetarianism, Bone Loss, Fracture and Vitamin D: A Longitudinal Study in Asian Vegans and Non-Vegans." European Journal of Clinical Nutrition 66 (2012): 75–82.

36 Elorinne, A.-L., Alfthan, G., Erlund, I., Kivimäki, H., Paju, A., Salminen, I., Turpeinen, U., et al. "Food and Nutrient Intake and Nutritional Status of Finnish Vegans and Non-Vegetarians." PLoS ONE 11, no. 2 (2016): e0148235.

37 Norman, Anthony W. "From Vitamin D to Hormone D: Fundamentals of the Vitamin D Endocrine System Essential for Good Health." American Journal of Clinical Nutrition 2, no. 88 (2008): 491S–499S.

38 Ibid.

39 Keegan, R.-J. H., Lu, Z., Bogusz, J. M., Williams, J. E., and Holick, M. F. "Photobiology of Vitamin D in Mushrooms and Its Bioavailability in Humans." Dermato-Endocrinology 5, no. 1 (2013): 165–176.

40 Jäpelt, R. B., and Jakobsen, J. "Vitamin D in Plants: A Review of Occurrence, Analysis, and Biosynthesis." Frontiers in Plant Science 4 (2013): 136.

41 Dyett, P., Rajaram, S., Haddad, E. H., and Sabate, J. "Evaluation of a Validated Food Frequency Questionnaire for Self-Defined Vegans in the United States." Nutrients 6, no. 7 (2014): 2523–39.

42 "Calcium: Fact Sheet for Consumers." Office of Dietary Supplements, National Institutes of Health (2018). Available at https://ods.od.nih.gov/Factsheets/Calcium/. Accessed June 13, 2018.

43 "Iodine: Fact Sheet for Health Professionals." Office of Dietary Supplements, National Institutes of Health (2018). Available at https://ods.od.nih.gov/factsheets/Iodine-HealthProfessional/

44 Rogerson, 2017.

45 "Iron: Fact Sheet for Health Professionals." Office of Dietary Supplements, National Institutes of Health (2018). Available at https://ods.od.nih.gov/factsheets/Iron-HealthProfessional/

46 Rogerson, 2017.

47 "Magnesium: Fact Sheet for Health Professionals." Office of Dietary Supplements, National Institutes of Health (2018). Available at https://ods.od.nih.gov/factsheets/Magnesium-HealthProfessional/

48 "Potassium: Fact Sheet for Health Professionals." Office of Dietary Supplements, National Institutes of Health (2018). Available at https://ods.od.nih.gov/factsheets/Potassium-HealthProfessional/. Accessed June 15, 2018.

49 Ibid.

50 "Zinc: Fact Sheet for Health Professionals." Office of Dietary Supplements, National Institutes of Health (2018). Available at https://ods.od.nih.gov/factsheets/Zinc-HealthProfessional/. Accessed June 12, 2018.

51 Rogerson, 2017.

52 Gupta, L., Khandelwal, D., Kalra, S., Gupta, P., Dutta, D., and Aggarwal, S. "Ketogenic Diet in Endocrine Disorders: Current Perspectives." Journal of Postgraduate Medicine 63, no. 4 (2017): 242–251.

53 Ibid.

54 Masino, S. A., and Ruskin, D. N. "Ketogenic Diets and Pain." Journal of Child Neurology 28, no. 8 (2013): 993–1001.

55 Miller, V. J., Villamena, F. A., and Volek, J. S. "Nutritional Ketosis and Mitohormesis: Potential Implications for Mitochondrial Function and Human Health." Journal of Nutrition and Metabolism (2018): 5157645.

56 Rizzo, G., and Baroni, L. "Soy, Soy Foods and Their Role in Vegetarian Diets." Nutrients 10, no. 1 (2018): 43.

57 Ibid.

58 Sarter, B., Kelsey, K., Schwartz, T., and Harris, W. "Blood Docosahexaenoic Acid and Eicosapentaenoic Acid in Vegans: Associations with Age and Gender and Effects of an Algal-Derived Omega-3 Fatty Acid Supplement." Clinical Nutrition 34, no. 2 (2015): 212–218. Available at www.clinicalnutritionjournal.com/article/S0261-5614(14)00076-4/fulltext. Accessed June 14, 2018.

59 Zajac, A., Poprzecki, S., Maszczyk, A., Czuba, M., Michalczyk, M., and Zydek, G. "The Effects of a Ketogenic Diet on Exercise Metabolism and Physical Performance in Off-Road Cyclists." Nutrients 6, no. 7 (2014): 2493–2508.

60 Trexler, E. T., Smith-Ryan, A. E., and Norton, L. E. "Metabolic Adaptation to Weight Loss: Implications for the Athlete." Journal of the International Society of Sports Nutrition 11, no. 7 (2014): 7.

61 Watanabe, S., Hirakawa, A., Utada, I., et al. "Ketone Body Production and Excretion During Wellness Fasting." Diabetes Research Open Journal 3, no. 1 (2017): 1–8.

62 National Research Council (U.S.) Subcommittee on the Tenth Edition of the Recommended Dietary Allowances. "Water and Electrolytes." In Recommended Dietary Allowances, 10th Edition. Washington, D.C.: National Academies Press, 1989. Available from: www.ncbi.nlm.nih.gov/books/NBK234935/

63 Miller, K. C. "Electrolyte and Plasma Responses After Pickle Juice, Mustard, and Deionized Water Ingestion in Dehydrated Humans." Journal of Athletic Training 49, no. 3 (2014): 360–367.

64 Schulte, E. M., Smeal, J. K., and Gearhardt, A. N. "Foods Are Differentially Associated with Subjective Effect Report Questions of Abuse Liability." PLoS ONE 12, no. 8 (2017): e0184220.

65 Liu, R. H. "Health Benefits of Fruit and Vegetables Are from Additive and Synergistic Combinations of Phytochemicals." American Journal of Clinical Nutrition 3, no. 78 (2003): 517S–520S.

66 Ibid.

67 Parvez, S., Malik, K., Ah Kang, S., and Kim, H. "Probiotics and Their Fermented Food Products Are Beneficial for Health." Journal of Applied Microbiology 100, no. 6 (2006): 1171–85.

68 Ibid.

69 Steenbergen, L., Sellaro, R., van Hemert, S., Bosch, J., and Colzato, L. "A Randomized Controlled Trial to Test the Effect of Multispecies Probiotics on Cognitive Reactivity to Sad Mood." Brain, Behavior, and Immunity 48 (2015): 258–264.

70 LeBlanc, J., Laiño, J., del Valle, M., Vannini, V., van Sinderen, D., Taranto, M., et al. "B-Group Vitamin Production by Lactic Acid Bacteria—Current Knowledge and Potential Applications." Journal of Applied Microbiology 111, no. 6 (2011): 1297–1309.

食譜索引

早餐

60

椰子粉方格鬆餅

62

菠菜橄欖
迷你鹹派杯

64

香腸風早餐肉餅

65

高蛋白
「無燕麥燕麥粥」

66

無堅果巧克力
燕麥脆片

68

椰子優格

70

檸檬罌粟籽瑪芬

72

南瓜麵包

74

種籽麵包

76

酪梨吐司

78

奇亞籽布丁三吃

80

中東芝麻醬貝果

點心

84

椰香可可堅果
綜合點心

86

烤蘿蔔片

88

免烤法拉費

90

亞麻籽多滋

92

蒜香蒔蘿
羽衣甘藍脆片

93

羽扇豆中東豆泥

94

種籽餅乾

96

海苔能量脆條

98

簡易花生醬蛋白棒

100

黃瓜酪梨捲

102

咖哩豆腐沙拉
一口點心

湯品、沙拉、配菜

法拉費沙拉
106

中東蔬菜沙拉
107

薑味胡蘿蔔濃湯
108

香辣椰湯
110

花椰菜濃湯
112

羽衣甘藍溫沙拉
114

波特菇夏南瓜沙拉
115

綠色生酮均衡碗
116

塔可餅沙拉
118

希臘沙拉
120

薑蒜涼拌包心菜絲
121

地中海櫛瓜沙拉
122

檸檬青醬葉菜
123

黃瓜沙拉
124

溜醬油辣豆腐
126

酸香烤球芽甘藍佐
蘑菇和核桃
128

青花菜香脆一口酥
129

香烤甜辣櫻桃蘿蔔
130

主食

包心菜捲
134

泰式炒海藻麵
136

生酮酥皮派
138

韓式烤肉塔可餅
140

墨西哥辣豆醬
142

豆泥三明治
143

黑豆漢堡
144

大麻籽素雞塊
146

焗烤花椰菜
148

櫛瓜波隆那肉醬麵
149

櫛瓜寬麵
150

水牛城菠蘿蜜塔
可餅
151

飲品與甜點

154
氣泡薑汁青檸水

156
黑莓檸檬水

158
椰子抹茶拿鐵

159
生酮南瓜香料拿鐵

160
金黃印度香料
蛋白奶昔

161
暖陽蔬果昔

162
巧克力杏仁醬
杯子蛋糕

164
生酮黑豆布朗尼

166
巧克力生酮
純素冰淇淋

168
肉桂糖餅乾

基礎食材

172
綜合香腸香料

173
印度奶茶綜合香料

174
萬用貝果鹽

175
美味綜合香草

176
堅果粉＆種籽粉

178
花椰米

179
櫛瓜麵

180
亞麻籽墨西哥薄餅

182
亞麻籽蛋

183
酸香酪梨美乃滋

184
簡易芥末油醋

185
快速大麻籽酸奶油

186
中東芝麻醬汁

187
生酮奶油抹醬

188
希臘沙拉醬

189
簡易純素青醬

190
大麻籽義式白醬

191
純素帕瑪乳酪粉

食譜快速參考資料

食譜	頁數				
椰子粉方格鬆餅	60			✓	✓
菠菜橄欖迷你鹹派杯	62	✓	✓	✓	
香腸風早餐肉餅	64	✓		✓	✓
高蛋白「無燕麥燕麥粥」	65		✓	✓	✓
無堅果巧克力燕麥脆片	66	✓	✓	✓	✓
椰子優格	68		✓	✓	
檸檬罌粟籽瑪芬	70		✓	✓	✓
南瓜麵包	72		✓	✓	
種籽麵包	74	✓	✓	✓	✓
酪梨吐司	76	✓		✓	✓
奇亞籽布丁三吃	78		✓	✓	
杏仁醬覆盆子奇亞籽布丁	79	✓		✓	✓
絲滑巧克力奇亞籽布丁	79		✓	✓	✓
中東芝麻醬貝果	80	✓	✓	✓	
椰香可可堅果綜合點心	84			✓	
烤蘿蔔片	86	✓	✓	✓	✓
免烤法拉費	88	✓	✓	✓	
亞麻籽多滋	90	✓	✓	✓	
蒜香蒔蘿羽衣甘藍脆片	92	✓	✓	✓	
羽扇豆中東豆泥	93	✓	✓	✓	✓
種籽餅乾	94	✓	✓	✓	✓
海苔能量脆條	96	✓	✓	✓	
簡易花生醬蛋白棒	98	✓	✓		✓
黃瓜酪梨捲	100	✓	✓	✓	✓
咖哩豆腐沙拉一口點心	102	✓	✓	✓	
法拉費沙拉	106	✓	✓	✓	✓
中東蔬菜沙拉	107	✓	✓	✓	✓
薑味胡蘿蔔濃湯	108		✓	✓	✓
香辣椰湯	110		✓	✓	
花椰菜濃湯	112	✓	✓		✓
羽衣甘藍溫沙拉	114	✓		✓	
波特菇夏南瓜沙拉	115		✓	✓	
綠色生酮均衡碗	116		✓	✓	
塔可餅沙拉	118	✓		✓	
希臘沙拉	120	✓	✓	✓	✓
薑蒜涼拌包心菜絲	121	✓	✓	✓	
地中海櫛瓜沙拉	122	✓	✓	✓	✓
檸檬青醬葉菜	123	✓	✓	✓	✓
黃瓜沙拉	124	✓	✓	✓	✓
溜醬油辣豆腐	126	✓	✓	✓	
酸香烤球芽甘藍佐蘑菇和核桃	128	✓		✓	✓

食譜	頁數				
青花菜香脆一口酥	129	✓	✓	✓	
香烤甜辣櫻桃蘿蔔	130	✓	✓	✓	
包心菜捲	134	✓		✓	✓
泰式炒海藻麵	136	✓		✓	
生酮酥皮派	138	✓		✓	✓
韓式烤肉塔可餅	140	✓		✓	
墨西哥辣豆醬	142	✓		✓	
豆泥三明治	143	✓	✓	✓	✓
黑豆漢堡	144	✓	✓	✓	
大麻籽素雞塊	146	✓	✓	✓	✓
焗烤花椰菜	148	✓	✓	✓	
櫛瓜波隆那肉醬麵	149	✓		✓	
櫛瓜寬麵	150	✓	✓	✓	✓
水牛城菠蘿蜜塔可餅	151				
氣泡薑汁青檸水	154	✓	✓	✓	
黑莓檸檬水	156	✓	✓	✓	
椰子抹茶拿鐵	158		✓	✓	
生酮南瓜香料拿鐵	159		✓	✓	
金黃印度香料蛋白奶昔	160	✓	✓	✓	
暖陽蔬果昔	161	✓	✓	✓	
巧克力杏仁醬杯子蛋糕	162				
生酮黑豆布朗尼	164	✓		✓	✓
巧克力生酮純素冰淇淋	166		✓	✓	✓
肉桂糖餅乾	168			✓	✓
綜合香腸香料	172	✓	✓	✓	✓
印度奶茶綜合香料	173	✓	✓	✓	✓
萬用貝果鹽	174	✓	✓	✓	✓
美味綜合香草	175	✓	✓	✓	✓
堅果粉＆種籽粉	176	✓	O	✓	✓
花椰米	178	✓	✓	✓	✓
櫛瓜麵	179	✓	✓	✓	✓
亞麻籽墨西哥薄餅	180	✓	✓	✓	✓
亞麻籽蛋	182	✓	✓	✓	✓
酸香酪梨美乃滋	183	✓	✓	✓	✓
簡易芥末油醋	184		✓	✓	✓
快速大麻籽酸奶油	185		✓	✓	✓
中東芝麻醬汁	186	✓		✓	✓
生酮奶油抹醬	187			✓	✓
希臘沙拉醬	188		✓	✓	✓
簡易純素青醬	189	✓	✓	✓	✓
大麻籽義式白醬	190	✓	✓	✓	✓
純素帕瑪乳酪粉	191	✓		✓	✓

全書索引